미식이 좋다
여행이 좋다

INSPIRED TRAVELLER'S GUIDE : FOODIE PLACES
First published in 2024 by White Lion Publishing,
an imprint of The Quarto Group.
©2024 Quarto Publishing Plc.
Illustration copyright©2024 Amy Grimes

미식이 좋다
여행이 좋다

초판 1쇄 발행 2024년 7월 7일

지은이 ㅣ세라 백스터
일러스트ㅣ에이미 그라임스
옮긴이 ㅣ서지희
디자인 ㅣ아르케
인쇄·제본 ㅣ 한영문화사

펴낸이 ㅣ이영미
펴낸곳 ㅣ올댓북스
출판등록ㅣ2012년 12월 4일(제 2012-000386호)
주 소 ㅣ서울시 마포구 연희로 19-1, 6층(동교동)
전 화 ㅣ 02)702-3993
팩 스 ㅣ 02)3482-3994

ISBN 979-11-86732-69-4(03980)

* 잘못된 책은 구입처에서 바꿔 드립니다.
* 책값은 뒤표지에 있습니다.

최고의 미식 도시들로 떠나는 세계여행

미식이 좋다
여행이 좋다

지은이 세라 백스터 | 일러스트 에이미 그라임스
옮긴이 서지희

목 차

들어가며

　　　　　　　누군가를 이해하려면 그 사람의 신발을 신고 걸어보라는 말이 있다. 아니면 그와 저녁 식사를 함께하는 방법도 있을 것이다. 테이블에 마주앉아 빵을 쪼개고, 국물을 홀짝대고, 젓가락으로 조금씩 집어 먹고, 고기를 꼬챙이에 꿰고, 씹고, 썰고, 한 입 베어 물고, 벌컥벌컥 들이켜고, 건배하고, 마시기 등.

　음식은 만국 공통의 언어다. 우리 모두는 이 피할 수 없는 생계적 필요에 의해 서로 연결되어 있다. 수도원의 수도승, 성에 사는 귀족, 은행 매니저, 환경미화원, 양치기, 팝스타 할 것 없이 모두가 먹어야 산다. 그리고 함께 먹을 때(인간의 타고난 사회적 욕구가 그렇게 하도록 부추기기 때문에) 서로간의 차이가 사라지기 시작한다. 우리는 음식이 든 냄비, 오븐, 바비큐나 뷔페 주변에 모여 관계를 형성한다. 그렇게 다른 나라, 다른 삶을 맛보기 시작한다.

음식을 맛보는 것은 여행에서 빠질 수 없는 부분이다. 우리는 여러 유적, 산, 박물관을 보기 위해 해외에 나가지만, 나중에 돌아보면 음식이 가장 기억에 남는 경우가 많다. 그날 밤에는 차지키tzatziki를 양껏 먹고 새벽까지 부주키(Bouzouki, 그리스 전통 악기―옮긴이) 소리에 맞춰 춤을 추었지. 입에서 불이 나게 매웠던 그 카레는 너무 맵지만 환상적이어서 뇌와 혀가 폭발할 것만 같았어. 하나의 예술작품 같았던 압도적인 내장 더미. 고기, 채소, 게다가 사랑까지 듬뿍 퍼주었던 그 아늑한 농가 주방. 이런 순간들은 마치 먹을 수 있는 엽서 같다. 이처럼 맛은 강력한 힘을 지닌다.

때때로 음식은 자신의 출신지를 강하게 드러내기도 한다. 한 입 먹는 순간 그 곳의 토양과 햇볕, 강의 흐름, 암석의 구성 성분 등을 맛보게 된다. 이러한 지리적, 기후적 특성으로 인해 각 재료는 바로 그 장소에서, 그 방식으로 재배되었기 때문이다. 같은 요리법이 다른 나라, 다른 도시에서 재현될 수는 있겠지만, 어디에서도 같은 맛이 나지는 않는다.

또한 음식만큼 어떤 장소의 스토리를 깊이 있게 들려주는 것도 없다. 요리를 해부하고, 겹겹이 썰고, 그릇을 휘젓다 보면 거기에 담긴 역사를 발견하게 되기도 한다. 단 한 숟갈에 담긴 제국, 침략, 이주와 혁신. 이처럼 꼭 시장에서 찾을 수 있는 것만 요리의 재료가 되는 것은 아니며, 어떤 레시피는 교역로, 격변, 필요성 및 문화적 통합에 의해 만들어지기도 한다. 그것은 한 민족의 스토리일 수도 있고, 한 국가의 정체성일 수도 있다.

이 책은 전 세계 25곳의 군침 도는 여행지들을 생생하고, 유쾌하고, 맛깔스러운 일러스트와 함께 풀어낸다. 각 스토리와 스케치는 음식이 중요한 부분을 차지하는 다양한 장소들로 당신을 안내할 것이다. 혹시 책에다 침을 흘린대도 우리는 책임질 수 없다.

당신은 어떤 음식에 가장 끌릴까? 식욕과 취향은 사람마다 다 다르다. 어쩌면 아르헨티나의 야생 초원에서 길러진 소고기를 두툼하게 잘라 장작불에 굽고, 그 육즙 가득한 부드러운 고기를 가우초의 이야기를 들으며 먹는 상상을 하다가 배고픔을 느낄 수도 있다. 또는 수세기 동안 인도 남부의 신들과 순례자들을 먹여 살렸던 채식 요리를 좋아할 수도 있을 것이다. 아니면 스페인 요리가 명성을 떨치게 되는 데 큰 역할을 해온 시원한 해안도시에서 '핀초스(pintxos, 바 스낵)'를 골라보는 건 어떨까? 메뉴는 다양하므로 누구나 자기가 원하는, 또 자기에게 필

요한 음식을 찾을 수 있다.

이 책에 등장하는 장소 중에는 특정한 요리나 요리법이 처음으로 고안되고 만들어져 세상에 소개된 곳들도 있다. 가령, '다코야키'에 진심인 사람이라면(누구든 그래야만 하지만) 꼭 오사카의 거리로 가보아야 할 것이다. 이 맛있는 문어 과자는 1930년대에 이곳에서 처음 만들어졌으므로 다른 곳에서는 더 나은 맛을 찾을 수 없다. 또 단것을 좋아하는 사람은 저절로 리스본에 이끌려 '바칼랴우(bacalhau, 소금에 절인 대구)'와 육즙이 풍부한 정어리를 거쳐, 오래 전부터 '파스텔 드 나타(Pastel de nata, 포르투갈식 커스터드 타르트)'를 만들어온 수도원 옆 빵집으로 향하게 될 것이다.

한 분야의 정점을 찍은 요리가 만들어진 지역이나 나라도 있다. 수정이나 각색, 개선 등을 거쳐 완성되어 다른 곳에서는 똑같이 만들 수 없게 된 것 말이다. 예를 들어, 진저브레드는 독일 전역에서 찾아볼 수 있지만 오직 뉘른베르크만이 특유의 견과류, 향신료, 굽는 방식과 낭만적인 뒷이야기 덕분에 유네스코에 등재될 수 있었다.

어떤 곳들은 한 가지 요리만 선보이지 않는다. 식민지화와 이민의 얽히고설킨 역사 때문에 음식 문화가 추정 가능한 부분들의 합 이상으로 진화한 곳들이 있다. 그 도시들은 마치 거대한 냄비와 같아서, 톡 쏘는 맛, 복잡한 맛, 매운 맛이 뒤섞여 있으며 세계 각지의 영향을 두루 받고 있다. 멜버른이 그렇다. 굳이 도시 밖으로 나가지 않고도 호주의 전통 미트 파이는 물론 이탈리아, 인도, 베트남, 그리스, 에티오피아를 비롯한 수많은 나라의 맛있는 음식들까지 맛볼 수 있는 다양성의 중심지이다.

물론 어떻게 보면, 몇 안 되는 장소를 '미식/식도락의 도시'로 지목하는 것은 말이 안 되는 일이다. 이 책에 포함된 25곳에는 특별히 구미가 당기는 스토리가 담겨 있다. 어느 곳이든 고유의 맛을 지니게 마련이다. 그리고 아무런 특색 없는 국제적인 체인점 대신 동네 식당에 가보기로 결심을 할 때마다(인기가 많은 뒷골목 식당이든, 미슐랭 별을 받은 맛집이든), 당신은 그 곳을 이해하는 데 '한 입' 더 가까워질 것이다.

그러니 허리띠를 풀고, 가장 잘 늘어나는 셔츠를 입고, 냅킨을 목에 걸자. 만반의 준비가 끝났다면, 이제 전 세계의 맛을 즐길 차례다.

장소   모로코

특징   최고의 나이트 쇼와 함께 차려지는 마그레브의
          군침 도는 기억

마라케시
MARRAKECH

저녁노을이 짙은 황혼으로 슬며시 바뀌면서 광장은 활기를 띠기 시작한다. 알 전구들이 사막에서 불어온 미풍에 흔들리며 깜박이고, 차양이 내려오고, 파라솔이 펼쳐지고, 밤 장사를 위해 자리를 차지하려고 앞 다투어 움직이는 수레바퀴들이 삐걱댄다. 사람들은 고기를 꼬챙이에 꿰고, 달팽이를 삶고, 땅콩을 볶고, 통통한 오렌지들의 즙을 짠다. 주전자들은 삐 소리를 내고, 냄비들은 보글거리며, 프라이팬들은 음식을 튀기며 지글거린다. 그리고 그 냄새들! 갓 구운 빵의 보송보송한 온기, 달콤한 캐러멜처럼 졸아든 양파, 불에 까맣게 그은 양고기 덩어리, 신선한 민트 향, 수많은 향신료들이 만들어내는 셀 수 없는

맛의 조합들. 이 모든 것들 위로 피어오르는 수증기 때문에 마치 이곳 전체가 끓는 것만 같다. 오래된 도시의 중심부에서 들끓는 거대한 인간 스튜….

마라케시는 생각만 해도 군침이 도는 도시다. 역사적으로 중요한 북아프리카의 무역 중심지로서, 수 세기 동안 다양한 음식 문화가 이곳에서 혼합되었다. 베르베르(아마지흐)인들의 고대 요리 전통, 동쪽에서 온 아랍의 맛, 낙타를 탄 대상들이 사하라 사막의 무역로를 통해 가져온 재료들, 무어인들이 사는 안달루시아Andalucia 지방으로부터 받은 영향, 식민지 시기에 얻은 약간의 프랑스적 요소, 이 모든 것이 그 세월 동안 모로코의 '붉은 도시'에서 뒤섞여 온 것이다.

유목민인 베르베르인들은 오래 전부터 주변의 고산지대와 뜨거운 사막에서 살아왔지만, 도시 자체는 1070년경 베르베르인들의 이슬람 왕조인 무라비트 왕조의 지도자 유수프 이븐 타슈핀Yusuf ibn Tashfin이 기지를 만들면서 처음 세워졌다. 이 기지는 무라비트 왕국의 수도로 성장했다. 방어벽, 수로, 모스크, 그리고 요새화된 크사르 알하자르Ksar al-Hajjar 성이 세워졌다. 오늘날까지 남아 있는 것은 거의 없지만, 그것들의 존재는 현대 마라케시의 배치에 계속 영향을 미치고 있다. 수크(souk, 아랍어로 시장이라는 뜻—옮긴이)는 천 년 전과 마찬가지로 대표 모스크의 북서쪽 지역을 차지하고 있으며, 한때 고대 크사르 앞에 펼쳐져 있던 시장 광장 터에는 지금도 도시의 대표 광장인 제마 엘프나Djemaa El Fna 광장이 자리한다.

그렇다, 억누를 수 없는 역동성을 지닌 바로 그 제마 엘프나 광장. 11세기 이후 마라케시의 엔터테인먼트 중심지로 통하는 곳. 뒤 공중 돌기를 하며 축제 분위기를 내는 곡예사들, 그나우아Gnaoua족 음악가들, 점쟁이들, 헤나 타투이스트들, 피리를 불어 뱀을 불러내는 사람들이 광활한 광장을 가득 메우고 디르함 몇 푼을 벌기 위해 각자 묘기를 선보인다.

하지만 이곳은 도시의 영혼을 맛볼 수 있는 곳이기도 하다. 해질 무렵, 노새 수레들에 이끌린 노점들이 들어서고, 공용 테이블이 설치되고, 가스통과 석탄 화로에 불이 붙고, 온갖 다양한 음식들이 등장한다. 구운 닭고기와 그저 그런 타진tagine 요리로 관광객들을 붙잡는 노점들도 있지만, 대부분의 손님은 지역 주민이라 좀 더 흥미로운 먹을거리를 찾는다. 매운 메르게즈(merguez, 양고기나 소고기에 강한 향신료들을 넣어 만든 매콤한 소시지—옮긴이)부터 덩어리가 씹히는 하리라(harira, 병아리콩 수프), 매콤한 달팽이 수프, 삶은 내장, 양 뇌와 염소 머리 요리까지.

어디에서나 볼 수 있는 요리 중 하나는 쿠스쿠스couscous다. 듀럼밀로 만든 이 주식主食은 비록 마라케시 특유의 음식은 아

　　미식이 좋다 여행이 좋다

니지만 마그레브(Maghreb, 모로코 · 리비아 · 튀니지 등 아프리카 북서부 지역을 이르는 말—옮긴이) 지역의 베르베르인들에 뿌리를 두고 있다고 알려져 있다. 이에 관한 가장 오래된 기록 중 하나는 글쓴이를 알 수 없는 13세기 책 〈알모하드 시대의 마그레브와 안달루시아 요리서 *The Book of Cooking in Maghreb and Andalus in the Era of the Almohads*〉이다. 여기에는 마라케시의 요리법인 '군인들의 쿠스쿠스 Kuskusû Fityâni'가 담겨 있는데, 냄비에 고기와 채소를 넣고 익혀서 빼낸 다음 그 육수에 쿠스쿠스를 끓여서 계피를 뿌려 먹는 것이다.

이 요리법의 이름에는 군인이 들어가지만, 쿠스쿠스는 사실 유목민들의 음식이었다. 딱딱한 곡물을 약간의 물과 함께 손으로 밀어 과립 형태로 만들기를 끊임없이 반복하는 준비 작업(항상 여자의 일)은 시간이 많이 걸리는 일이다. 하지만 일단 만들고 나면 운반하기 쉽고 조리가 빠르며, 저렴한 값으로 배를 채울 수 있는 음식이 된다.

요즘에는 포장 판매되는 쿠스쿠스를 손으로 만든 것만큼이나 자주 볼 수 있다. 최상의 쿠스쿠스를 맛보려면 파티나 결혼식에 초대받아야 할 것이다. 쿠스쿠스는 모로코, 더 나아가 북아프리카 문화의 필수적인 부분이다. 실제로 2020년에 유네스코는 모로코, 알제리, 모리타니, 튀니지의 '쿠스쿠스의 생산 및 소비와 관련된 지식, 노하우와 관습'을 인류무형문화유산 목록에 등재했다. 쿠스쿠스는 '단순한 요리를 넘어서서, 대대로 전해지는 순간, 추억, 전통, 노하우, 몸짓'으로 여겨진다. 마라케시에 가면 다다^{dada}라 불리는 현지 여성으로부터 그것을 만드는 방법을 배울 수 있는데, 다다는 공식적인 교육이 아니라 일생의 경험을 통해 모로코 음식의 모든 비법을 알고 있다.

그건 그렇지만, 마라케시의 대표적인 음식은 매우 남성적이다. 탄지아(Tangia, 타진과 혼동하지 말 것)는 마라케시 특유의 부드러운 고기 스튜로, 그것을 조리하는 항아리처럼 생긴 높은 점토 냄비의 이름을 따서 명명되었다. 수크 상인들이 쉬는 날 함께 모여서 먹었던 전통 때문에 '독신남의 식사'라 불리기도 한다.

전날 밤, 이 독신 남성들은 탄지아 냄비에 모든 필요한 재료들, 즉 뼈와 힘줄이 붙은 고기, 소꼬리와 족(콩피와 같은 식감을 내려면 지방과 젤라틴이 필수이다), 사프란과 커민, 레몬 절임, 마늘, 약간의 오일과 스멘(smen, 북아프리카 요리에 주로 사용되는 발효 정제 버터─옮긴이)을 넣는다. 그런 다음 냄비를 유산지로 밀봉해 하맘(hammam, 공중목욕탕)을 데우는 가마로 가져간다. 그곳에서 불 때는 사람이 탄지아를 타는 재 속에 넣어주면, 밤새 서서히 익어 다음날 점심에 먹을 군침 도는 요리가 완성된다.

직접 맛보고 싶다면, 맛있는 냄새(그리고 마라케시인들의 긴 줄)를 따라 제마 엘프나 근처의 메슈이 골목(Mechoui Alley, 메슈이는 양고기 바비큐를 뜻한다—옮긴이)으로 가보자.

쓰촨
SICHUAN / 四川

이것은 단순히 먹는 것이 아니다. 입안이 감전되는 맛. 정성스럽게 준비된 한 입 크기의 음식(연한 두부 한 조각, 향긋한 돼지고기 한 쪽 또는 잘게 썬 우설)을 젓가락으로 집어 입안에 넣으면 입술이 진동하기 시작하며 50와트의 충격에 맞먹는 이상하고 찌릿한 따끔거림이 느껴진다. 이곳에서는 이를 '마라麻辣'라 부른다. 얼얼함과 매운 맛이 뒤섞인 쾌감과 고통의 조합, 이것이 쓰촨 요리의 정수이다….

중국 남서부에 있는 쓰촨성四川省은 서쪽의 고산지대에서부터 양쯔강揚子江 상류 계곡에 이르는 경사지에 자리한다. 광활하고 습하며 비옥한 이 지역은 중국의 곡창지대이다. 또한 공인

된 중국 8대 요리 중 하나이자 가장 많은 사람들의 사랑을 받는
'촨차이(川菜, 쓰촨 요리)'의 본거지이기도 하다.

쓰촨 요리의 뿌리는 중국만의 독특한 요리들이 생겨나고 북
부와 서부 지역의 영향으로 중부 평야지대의 음식이 향상되기
시작했던 진한秦漢 시대(기원전 220년경)로 거슬러 올라간다. 새
로운 재료와 아이디어가 도입되면서(처음에는 여러 갈래의 실크
로드를, 나중에는 해상 무역로를 통해) 음식 문화는 계속 진화했다.

이곳의 메뉴는 초피나무에서 수확한 열매인 쓰촨 후추(특유
의 얼얼한 맛을 내는 산쇼올sanshool 성분이 들어 있음)를 마음껏 쓸
수 있었던 덕분에 이미 특징적이었다. 그러나 17세기 후반 신
대륙으로부터 들어온 고추는 쓰촨 사람들이 완전히 받아들일
만한 또 하나의 특징적인 맛을 더해주었다. 중국에서 음식은 항
상 의학과 밀접한 관련이 있는데, 쓰촨의 매운맛과 향신료의 조
합은 해독 효과가 있어서 여름에는 습하고 겨울에는 쌀쌀한 이
지역의 기후에서 몸의 균형을 유지해준다고 한다.

오늘날, 쓰촨 요리에는 단맛, 신맛, 쓴맛, 매운맛, 얼얼한
맛, 향긋함과 짭짤함이 다 있다. 중국인들 사이에서는 '일채일
격 백채백미(一菜一格 百菜百味, 음식마다 독특한 조리법과 맛을 가
지고 있다는 뜻—옮긴이)'라는 말이 있을 정도로, 깊이와 다양성이
쓰촨 요리의 진정한 강점이다. 회향, 아니스 씨, 계피, 정향, 마

미식이 좋다 여행이 좋다

늘, 생강, 발효 콩 페이스트와 같은 것들이 들어가 화끈하고 대담하다. 또한 토끼 머리 볶음부터 거위 내장에 이르는, 시각을 넓히는 다양한 재료들과 도전 정신을 불러일으키는 식감(실크처럼 부드럽고, 미끈미끈하고, 힘줄이나 연골이 씹히는 등)이 특징이다.

현재는 대도시가 된 쓰촨성의 수도 청두成都는 기원전 4세기에 진장(금강錦江)인근 평야 지대에 세워졌다. 아주 오래된 찻집 문화와 자이언트판다(자이언트판다 번식 연구 기지도 이곳에 있다)로 유명한 이곳은 주로 음식의 도시로 알려져 있다. 2010년에는 유네스코의 두 번째 미식 도시City of Gastronomy로 선정됨으로써 6천 가지가 넘는 지역 요리의 다양성과 정교함을 세계적으로 인정받았다. 여기에는 고전적인 새콤달콤한 맛의 궁보계정宮保雞丁, 어향육사(魚香肉絲, '생선 향이 나는 잘게 썬 돼지고기'라는 뜻), 그리고 공산화 이전에 쓰촨의 비밀 결사 모임에서 먹었다고 전해지는 회과육(回鍋肉, 고기를 삶아서 볶은 것)이 포함된다. 훠궈(火鍋, 사람들이 끓는 육수가 담긴 냄비 주위에 모여 얇게 저민 고기와 채소 등을 번갈아 담가 먹는 것)는 천 년 전부터 사회적 결속을 강화하는 데 도움을 준 전통 음식이다.

가장 인기 있는 쓰촨 요리 중 하나는 마파두부(麻婆豆腐, '곰보 할머니의 두부'라는 뜻)이다. 전혀 구미가 당기지 않는 이름과는 다르게 풍부하고 강렬하며 향긋한 이 음식의 유래는 1860년

대로 거슬러 올라간다. 어떤 이들은 얼굴에 얽은 자국이 있어서 따돌림을 당하던 노파가 예상치 못한 손님이 찾아왔을 때 찬장에 있던 소박한 재료들로 재빨리 만들어낸 요리가 바로 마파두부였다고 말한다. 또 어떤 이들은 천연두 흉터가 있는 진씨 부인이 청두에서 식당을 운영하다가 마파두부를 처음 만들었다고 추측하는데, 그 식당은 지금도 칭화靑華로에 있다.

어느 쪽이든 간에, 마파두부는 이 도시의 대표 요리다. 부드럽고 연한 두부와 간 고기를 볶다가 쓰촨 후추, 두반장(발효된 잠두로 만든 매콤한 페이스트), 매콤함과 특유의 붉은색을 더해주는 고추기름을 넣고 끓인다. 중국에서 붉은색은 행운, 행복 및 번영을 상징하는 상서로운 색이다. 인상적인 '마라' 맛과 서로 대비되는 다양한 풍미들이 어우러진 마파두부는 쓰촨 최고의 소울 푸드다.

장소	대한민국 전북특별자치도
특징	배는 물론 영혼까지 채워주는 최고로 화려한 요리들

전주
JEONJU / 全州

비빔밥. 이것은 가장 완벽한 형태의 식용 원형 도표와 같다. 지글거리는 그릇 안의 각 부분은 선명하고 뚜렷하다. 쌀의 흰색, 화사한 노른자의 노란색, 짙은 시금치의 녹색, 고추장의 위협적인 빨간색, 버섯의 새까만 검정색까지, 먹을 수 있는 색상환. 그러나 이것은 지혜, 건강, 역사, 미美와 전통이 균등하게 담긴, 국가 철학을 보여주는 요리이기도 하다. 근육, 정신, 오장육부, 감각 그리고 영혼을 위한 음식….

한반도의 남서쪽에 위치한 전주는 역사적 의미에 비하면 규모가 작은 도시다. 14세기 후반에 바로 전주 이씨인 태조가 세운 조선 왕조가 5백 년 넘게 한국을 통치했다. 1410년에 이 도시에 지어진 경기전에서 지금도 태조의 어진(초상화)을 볼 수 있다. 이처럼 전주는 한국 역사와 밀접하게 얽혀 있기에 영적 수도로 여겨지며, 가장 훌륭한 업적들이 이루어진 곳이기도 하다. 음식에 관해서는 더욱 그렇다.

'맛의 도시'라 불리는 전주는 유네스코가 선정한 미식의 도시로, 식문화 유산과 양질의 지역 식재료로 유명하다. 동쪽에 솟아 있는 비옥한 산들은 다양한 작물과 야생 버섯, 산나물을 제공한다. 조금만 서쪽으로 가면 황해(서해)가 있어서 신선한 생선과 조개, 상큼한 해조류를 풍부하게 얻을 수 있다. 주변에는 예부터 한국의 주요 쌀 생산지인 호남평야가 펼쳐져 있다. 군침도는 요리를 만들기 위한 모든 것이 갖추어진 이곳, 그중에서도 가장 사랑받는 요리가 바로 비빔밥이다.

비빔밥은 한국을 대표하는 요리로, 전국에서 찾아볼 수 있지만 전주의 것을 으뜸으로 친다. 전주비빔밥은 뜨거운 돌솥에 사골 육수로 지은 밥 위에다 색색의 재료를 올려 만든다. 계절에 따라 다르지만 보통 콩나물, 은행, 밤, 나물, 표고버섯, 당근, 무, 해조류, 육회, 청포묵 그리고 수년 간 숙성된 강렬한 빨간색의 고추장 등이 들어간다. 여기에 날달걀을 깨뜨려 올리고 젓가락으로 휘저어 섞으면, 뜨거운 돌솥의 열기가 모든 재료를 완전히 익힌다.

비빔밥에는 건강을 증진시킨다고 알려진 다섯 가지 기본 색 (및 원소)이 모두 들어 있어서 신성하게 보인다. 연근 · 콩나물 · 무와 같은 흰색(金) 재료는 폐에 좋고, 고사리 · 버섯 · 김 등의 검은색(水) 재료는 신장에 좋고, 호박 · 콩 등의 노란색(土) 식품 은 위장에 좋고, 당근 · 고추 · 고추장 · 소고기와 같은 빨간색 (火) 재료는 심장에 좋으며, 시금치 · 미나리 · 산나물 등의 녹 색/청색(木)은 간 기능을 개선한다.

한국에서는 대부분이 채소인, 다양한 재료들을 결합하는 아 이디어가 새로운 것이 아니다. 이는 한국의 오래된 요리 개념인 반찬에서 비롯된다. 반찬은 4세기경 불교가 이 지역에 퍼지기 시작하면서부터 한동안 육식이 금지된 결과로 발전했을 수도 있다. 아니면 경제적 필요성 때문이었을지도 모른다. 전에는 그 리 잘살지 못했던 한국에서 육류는 귀하고 비싼 것이었으니까. 그때는 농민부터 귀족에 이르기까지 모든 사회 계층이 채식 요 리를 먹었다.

어쨌든, 10세기경부터는 식탁에 색색의 요리가 담긴 작은 접시들이 가득 올라오는 일이 점차 흔해졌다. 각 접시는 신선 함, 바삭함, 신맛, 단맛, 짠맛 또는 화끈하게 매운맛을 낸다. 흔 히 볼 수 있는 요리로는 매콤한 오이 무침, 가지찜, 콩나물 무 침, 고사리 볶음 등이 있다. 그리고 김치를 빼놓을 수 없다. 김치는 양념에 버무린 배추를 숙성시킨 강한 풍미의 발효식품으로(종류도 다양하고 숙성도에 따라 맛도 천차만별인), 한국의 식생활에서 필수적이다.

그러면 반찬에서 어떻게 비빔밥이 생겼을까? 19세기 이전의 기록은 별로 없지만, 비빔밥은 그보다 훨씬 더 오래된 것으로 여겨진다. 작은 접시에 담은 요리들을 다양하게 즐기는 개념은 이미 존재했으며, 어느 시점엔가 그 요리의 요소들이 한 그릇에 담기게 되었다. 어떤 이들은 이것이 주요 정부 관리와 궁중 손님들에게 대접하는 최상류층의 요리로부터 시작되었다고 하고, 또 어떤 이들은 여러 가지 반찬을 차릴 시간이 없었던 농부의 아내들에 의해 만들어졌다고 믿는다. 예전부터 전주의 여성들이 뛰어난 요리 솜씨로 존경을 받아온 것은 틀림없는 사실이다.

전주에 가면 그 어느 도시보다도 다양하고 질 좋은 반찬과 가장 정성스럽게 준비된 비빔밥은 물론, 기존 요리를 창의적으로 변화시킨 버전들도 맛볼 수 있다. 매년 비빔밥 축제도 개최되어, 각종 음식 시연회와 문화 행사가 열리고 4백 명이 먹을 수 있는 초대형 비빔밥이 만들어지기도 한다.

그러나 전주에는 축제 이외에도 즐길 거리가 많아서 누구나 만족할 수 있다. 은행나무들이 늘어선 거리를 따라 8백여 채의

한옥들이 빽빽하게 들어차 있는 전주 한옥 마을은 슬렁슬렁 걸어 다니기에 딱 좋은 곳이다. 그중 여러 곳은 현재 레스토랑, 카페, 게스트하우스나 공방으로 운영되고 있어서, 전주는 미식의 중심지로서 뿐만 아니라 옛 전통을 지켜가는 '슬로 시티'의 허브로도 인정받고 있다.

줍고 구불구불한 골목을 돌아다니며 한지 공방도 구경하고, 막걸리 바에 가서 탄산이 약하게 느껴지는 우윳빛 곡주를 구릿빛 양은그릇에 담아 마셔보자. 그런 다음에는 먹을 수 있는 거의 모든 것을 파는 남부시장으로 가서 상상을 초월하는 식당과 노점들의 미로를 구경해보자. 떡볶이와 새우만두 같은 길거리 음식들을 맛보고, 닭고기부터 치즈, 문어까지 온갖 꼬치 요리들을 주문해보고, 빙수와 고소한 번데기도 시도해보고, 나쁜 기운을 물리친다고 여겨지는 단팥죽을 믿고 먹어보자. 단, 전주의 가장 화려한 창작품인 비빔밥은 잊지 말도록.

장소	일본 혼슈(本州)
특징	맛있는 패스트푸드

오사카
OSAKA / 大阪

일본을 그린 그림들 중 가장 예쁘다고 할 수는 없지만, 벌써 입에 침이 고인다. 네온사인들로 가득한 거리, 머리가 지끈거릴 만큼 번쩍이는 광고판들은 마치 "여기서 드세요, 여기서 드세요!"라고 하는 듯 끽끽 소리를 낸다. 바비큐 연기와 육수 수증기 냄새에 사람들의 식욕이 솟구친다. 오죽하면 굶주린 듯 먹을 것을 찾는 사람들이 줄줄이 이어져 거리들이 꽉 막힐 정도다. 꼬치에 끼운 음식을 우적우적 씹는 사람, 접시에 담긴 끈적한 음식을 쪼그려 앉아서 먹는 사람. 그러고 나서 또 다른 음식을 찾으러 나서는 사람까지….

혼슈의 남쪽 해안, 세토나이카이瀬戸内海 연안에 자리 잡은 오사카(大阪市, 일본에서 세 번째로 큰 도시)는 개성이 뚜렷한 도시다. 판에 박은 듯 형식적이고 과묵한 이 나라의 다른 도시들에 비해 더 거칠고, 어수선하고, 소란스럽고, 불손하다. 한 마디로 오사카는 덜 심각해 보인다. 그리고 먹는 것을 좋아한다.

오사카는 '덴카 노 다이도코로(天下の台所, 천하의 부엌)'로 알려져 있다. 이 도시의 역사는 5세기까지 거슬러 올라가지만, 이 별명은 도쿠가와 막부가 에도(현재의 도쿄)로 근거지를 옮기며 오사카가 무역항으로 번성하게 된 에도 시대(1603~1867)에 생겨났다. 오사카는 위치적 조건이 아주 좋았다. 작물이 자라는 평야와 비옥한 산들이 둘러싸고 있고, 주요 항로들의 교차점이었으며, 천황이 있는 교토와도 가까웠기 때문이다.

전국에서 온 물건들을 운송 전까지 저장할 창고들이 이곳에 지어졌다. 가장 중요한 화물은 쌀이었는데, 사람들은 쌀로 세금을 내고 영주들의 지위를 평가하는 기준으로 삼기도 했다. 또 한 가지 중요한 것은 일본 음식에 깊은 감칠맛을 내주는 인기 해조류, 다시마였다. 그 후 더 먼 나라들과도 교역하게 된 오사카는 이 폐쇄적인 나라의 주요 국제적 관문이자, 상업 및 문화 교류의 중심지가 되었다. 상상할 수 있는 모든 재료들이 갖추어져 있고 먹여야 할 상인과 일꾼들이 많아지다 보니, 오사카의 요리사들은 팔을 걷어붙일 수밖에 없었다.

미식이 좋다 여행이 좋다

이 도시에 딱 어울리는 모토인 '쿠이다오레(食い倒れ)'는 '너무 많이 먹어서 쓰러졌다' 또는 '먹는 데 돈을 너무 많이 써서 망했다' 등 다양한 뜻을 지닌다. 실제로 각종 수상경력을 자랑하는 최고의 음식들이 넘쳐나며, 오사카의 레스토랑들이 받은 미슐랭 별을 다 합치면 90개가 넘는다. 하지만 꼭 지갑을 다 털어야만 그곳의 음식을 즐길 수 있는 것은 아니다. 이 도시의 진정한 맛은 바로 패스트푸드이기 때문이다.

이제는 어디서나 볼 수 있는 맛좋은 다코야키(たこ焼き, 문어가 들어간 일본 과자)는 1930년대에 이곳에서 처음 만들어졌다. 노점들에서는 요리사들이 폭신한 밀가루 반죽을 구멍들이 옴폭 팬 무쇠 틀에 붓고 거기에 문어 조각, 바삭바삭한 튀김 부스러기, 절인 생강, 쪽파 등을 올린 다음 칵테일 스틱을 이용해 솜씨좋게 그 혼합물을 찌르고 쑤시고 돌려가며 공 모양으로 만드는 것을 볼 수 있다. 다 완성되면 달콤한 갈색 소스와 일본식 마요네즈를 듬뿍 뿌린 뒤 가다랑어포를 올린다. 다코야키는 뜨거울 때 한 입에 먹어야 그 쫄깃한 겉면이 부드러운 해산물 덩어리가 들어 있는 아주 뜨겁고 쫀득한 속으로 섞여 들어가, 최상의 맛을 느낄 수 있다.

다음은 오코노미야키(お好み焼き)의 차례. 말 그대로 해석하면 '원하는 것을 굽는다'는 뜻이지만, 더 구체적으로는 밀가루와

달걀 반죽으로 만든 프리타타처럼 두툼한 팬케이크를 말한다. 전해지는 말에 따르면, 이것은 부족한 쌀을 대신할 음식이 필요했던 제2차 세계대전 당시에 인기를 끌었다고 한다. 이름에서 알 수 있듯이 재료는 무엇이든 상관없지만, 전형적인 오사카 버전은 보통 모든 재료(채 썬 양배추와 돼지고기, 치즈, 새우, 고추냉이 등)를 반죽에 넣고 섞은 다음 손님 앞에서 데판야키(鉄板焼き, 철판 요리) 방식으로 구운 뒤 진하고 걸쭉한 소스와 함께 제공한다.

군침 도는 오사카 패스트푸드 '빅 3'의 마지막은 대나무 꼬치에 빵가루를 입힌 채소, 생선, 고기를 끼워 튀긴 후 갈색 소스에 찍어 먹는 구시카쓰(串カツ)다. 바쁜 직장인들을 위한 빠르고 간편하면서도 저렴한 간식으로, 거리 곳곳에서 구시카쓰가 튀겨지고 있는 모습을 찾아볼 수 있다.

오사카 어디에나 음식이 있지만 그중에서도 도톤보리道頓堀는 오사카의 중심이다. 4백 년 전 도톤 운하의 둑을 따라 세워진 이 유흥가에는 옛것과 새것이 공존한다. 지금은 거대한 광고판들과 고층 건물들이 가득하며 그 안에는 레스토랑, 만두 가게, 지하 이자카야 술집, 재즈 클럽, 가부키 극장, 노점 등이 빽빽이 들어차 있다. 어둑해진 저녁에 오면 물에 비친 불빛들을 보며 밤새 식도락을 즐길 수 있다.

장소	베트남 북부
특징	한 나라의 아침을 깨우는 최고의 쌀국수

하노이
HANOI

비밀은 육수에 있다. 천천히 끓인 미묘한 향신료 맛의 고기 육수는 '포pho'의 기반이자, 포를 그냥 면 요리가 아닌 온 국민의 일상적인 에너지원으로 승화시킨 영양의 본질이다. 포는 베트남의 역사를 반영하는 동시에 기운을 돋우는 아침 식사이자 추억이 담긴 한 그릇, 평생의 습관, 최고의 소울 푸드가 되기도 한다. 그 냄새만으로 겨울 추위를 물리칠 수 있다고 할 정도로….

베트남의 국민 음식으로 여겨지는 포(베트남에서는 '퍼'로 발음됨)의 기원은 19세기 후반 베트남 북부의 홍강Red River 삼각주 지역으로 거슬러 올라간다. 그곳에 있는 마을 남딘Nam Định

은 얇게 썬 물소고기와 쌀국수, 파, 허브를 시골 육수에 넣고 끓여먹는 '싸오ᵡᵃᵒ'라는 음식으로 유명했다. 그러나 식민지 시대에 프랑스인들이 소고기를 즐겨 먹는 습관이 이 지역에 영향을 미쳤다. 그전까지는 거의 먹지 않던 고기(베트남인들은 소를 식용이 아닌 일하는 동물로 귀하게 여겼다)의 소비가 증가하면서 소고기 자투리와 뼈가 남아돌게 되었다. '낭비하지 않으면 부족할 것도 없다(Waste not, want not)'는 원칙에 따라, 골수가 풍부한 다리와 무릎 부분은 전통 육수의 깊은 맛을 더 진하게 내는 데 사용되었다. 어떤 이들은 발음이 유사한 프랑스의 소고기 스튜인 '포토푀pot-au-feu'에서 유래했을 것으로 보기도 한다.

발생지는 남딘으로 여겨지지만, 포의 영적 고향은 북쪽으로 1백 킬로미터 떨어진 하노이Hanoi이다. 이곳은 1010년 리 태조 Lý Thái Tổ가 수도로 정한 이후 거의 천 년간 베트남의 수도였다. 하노이는 북적이고 소란스러운 현대적 중심지로, 스쿠터들의 경적 소리가 끊이지 않는다. 또한 오랜 식민 지배와 분쟁으로 인한 타격으로 많은 기념물과 오래된 건물들이 파괴되었다. 하지만 다 낡고 폐쇄된 신고전주의적 프랑스식 빌라에서부터 천 년 된 하노이 문묘(Temple of Literature, 베트남 최초의 대학이자 유교 사원-옮긴이)에 이르기까지, 옛 도시의 유적들이 아직도 많이 남아 있다. 미로 같은 구시가지도 용케 살아남았다. 역사적으

로 장인들의 구역인 이곳의 거리들은 여러 상인 단체의 이름을 따서 지어졌다. 여전히 15세기 상인들의 집, 바구니 직공, 제지공, 양철공, 기념품 판매상 등이 뒤섞여 있으며 반얀나무와 탑들, 그리고 물론 재능 있는 요리사들이 산재해 있다.

실제로 하노이는 미각을 자극하는 도시다. '반꾸온(bánh cuôn, 라이스페이퍼에 갖가지 재료를 넣고 말아서 쪄낸 것)', '분짜(bun cha, 쌀국수와 숯불에 구운 돼지고기를 소스에 적셔먹는 음식)', '반미(bánh mi, 바게트─프랑스 통치의 유산인─에 채소 피클과 샐러드, 아시아풍의 파테, 돼지고기, 구운 닭고기나 두부를 가득 채운 것)' 와 같은 길거리 음식을 먹을 수 있는 임시 노점이나 간이 카페를 구석구석에서 찾을 수 있다.

동이 트기도 전에, 도로변에 모여든 포 행상들은 찌그러진 냄비와 플라스틱 의자들을 내놓는다. 소박한 음식점들은 셔터를 올리고 단골 고객을 맞이할 준비를 한다. 깨어나는 도시 위로 향긋한 수증기가 피어오른다.

1954년, 정치적인 이유로 베트남이 둘로 나뉘었을 때 수백만 명의 사람들이 공산주의를 피해 북부에서 이주하며 포 문화를 들여왔다. 남부에서 새로운 재료가 더해지며 요리법이 수정되고 더 두꺼운 면, 다른 종류의 고기, 더 많은 양의 설탕, 고수, 타이 바질, 해선장 등의 요소들이 추가되었다. 그러나 전통 하

노이 버전은 지금도 기본 육수가 핵심인 단순하고 덜 번잡한 형태이다.

진짜 '포 박(pho bac, 북부 포)'을 만들려면 큰 육수 냄비에 소뼈를 24시간 가량 고아서 깊은 맛과 달콤함이 느껴지는 진한 감칠맛을 지닌 맑고 뽀얀 국물로 우려야 한다. 이후에 첨가되는 재료들 즉, 생강·양파·팔각·계피·고수씨·카다멈·정향 등은 육수나 다른 재료의 맛을 압도해서는 안 된다. 포는 주문 즉시 조리되어야 한다. 뜨거운 국물을 부드러운 쌀국수와 얇게 썬 소고기 위에 붓고, 잘게 썬 허브와 차이브 한 줌을 올려 마무리한다. 어떤 사람들은 라임을 조금 짜거나 생고추를 뿌리기도 한다.

먹는 방법은, 얼굴을 그릇 바로 위에 대고 젓가락으로 건더기를 한 입씩 건져 먹고 중국식 숟가락으로 육수를 떠먹는 것이다. 후루룩 소리를 내며 먹으면 오히려 더 좋은데, 이는 포가 맛있게 잘 만들어졌다는 뜻이기 때문이다.

장소	인도 카르나타카(Karnataka)주
특징	건강하고 순수한 음식의 대명사가 된 순례 마을

우두피
UDUPI

신들을 위한 음식, 백성을 위한 음식. 우두피 요리는 신들을 위한 진미[ambrosia]에서 시작해 이제는 인구 10억 명이 넘는 나라를 먹여 살리고 있다. 계절에 맞는 재료를 이용한 간단하고 영양가 높고 조화로운 요리, 이것이 성직자와 빈민 모두에게 제공된다.

아라비아해 연안에 자리 잡은 우두피Udupi는 작은 도시지만 음식에 관한 한 큰 영향력을 지닌 곳이다. 그곳의 신성한 주방들에서 만들어진 요리가 카르나타카Karnataka주를 넘어 인도 전체로 퍼져나갔기 때문이다. 우두피는 더 이상 단순한 장소가 아니라, 영혼의 양식이 될 만큼 균형이 잘 잡힌 남인도 채식 요리의 대명사이다.

예부터 순례의 장소였던 우두피는 13세기에 슈리 크리슈나 사원Shri Krishna Temple이 지어지면서 더 중요한 곳이 되었다. 전설에 따르면, 바로 이곳에서 힌두교 철학자 슈리 마드바차리야 Shri Madhvacharya가 황토 덩어리 안에서 흠 없는 크리슈나(힌두교의 음식의 신)의 조각상을 발견했다고 한다. 마드바차리야는 그 것을 보존하기 위한 사당을 지었고, 7백 년이 지난 현재는 그 피라미드 모양 사원을 지키는 여덟 개의 '마타(matha, 수도원)' 들까지 더해져 하나의 복합 단지가 되었다. 이곳은 크리슈나의 '사니드야(sannidhya, 존재, 근접)'를 간직하고 있다고 여겨지는 남인도의 가장 신성한 유적지 중 하나다.

과거에, 신자들은 그 대담한 젊은 신이 훌쩍 떠나버릴까 봐 걱정이 되었다. 그래서 그를 계속 머물게 하기 위해 그 신성한 우상에게 공들여 만든 음식들을 바치기 시작했다. 오늘날, 이 러한 '나이베디야(naivedya, 음식 공양)'는 열네 번의 '푸자(puja, 예배)'에서 드려진다. 오전 5시 30분에 시작해 오후 8시 50분에 끝나는 푸자는 사원의 스와미(swami, 힌두교의 종교 지도자—옮긴 이)가 주재하며, 파리채(fly-whisk, 말총 등으로 만든 파리채로 종종 권위를 상징함—옮긴이) 휘두르기나 '아라티(aarati, 불꽃을 흔드는 찬양 의식)'와 같은 의식이 진행된다.

빈랑Betel nut, 재거리(jaggery, 사탕수수나 야자의 수액으로 만든 비정제당–옮긴이), 여린 코코넛, 김이 모락모락 나게 익힌 쌀을 가득 담은 구리 그릇들이 쉬발리 브라만(Shivalli Brahmin, 카르나타카주의 힌두교 브라만 공동체–옮긴이) 사제들의 요리와 함께 제공된다.

이들은 티끌 하나 없이 깨끗한 주방에서 새벽부터 중노동을 한다. 현지에서 자란 조롱박, 호박, 잭프루트, 코코넛, 콩, 곡물 등 엄청난 양의 재료를 썰고, 다지고, 찢고, 찌고, 휘젓는다(사원에서 하루에 요리하는 쌀의 양만 5천 킬로그램에 달한다). 새콤달콤한 '라삼rasam' 수프가 여러 개의 솥에서 끓고, 렌틸콩이 들어가는 톡 쏘는 맛의 '삼바르sambar' 스튜에서 수증기가 피어오르며, 상큼한 '코삼바리kosambari' 샐러드가 접시마다 쌓여 있다. 모두가 우두피 요리로 알려진 것들이다.

이 주방은 크리슈나만을 위해 요리하지는 않는다. 단순한 형태의 2층짜리 '보잔샬라(bhojanshala, 식당)'에서 매일 배고픈 방문객들에게 무료 식사가 제공된다. 금속 접시나 바나나 잎에 죽처럼 익힌 쌀, 삼바르, 채소 카레, 라삼, '파야삼(payasam, 달콤한 우유 푸딩)' 등을 조금씩 담아주는 것이다. 신에게 바치는 요리는 주임 사제나 귀빈들의 점심 식사가

된다.

힌두교 신자가 아니라도 그곳의 문화를 존중하기만 한다면 사원 단지에 들어갈 수 있다. 커민, 샌달우드와 향 냄새가 스민 공기를 마시며 돌아다니다 보면 음악가, 순례자, 신성한 소나 염주 상인들과 마주치게 될 것이다. 또 16세기에 크리슈나가 어느 천한 계급의 신자 앞에 모습을 드러냈다고 전해지는 작은 구멍, '카나카나 킨디Kanakana Kindi'에서 축복을 빌 수도 있다. 많은 사람들과 함께 식사하는 경험도 할 수 있는데, 식당 이용객은 평소에는 하루 약 6천 명이며 축제날에는 1만 명이 넘기도 한다.

슈리 크리슈나 사원이 우두피 요리의 발원지이긴 하지만, 그 요리 스타일은 이미 오래 전부터 사원 밖으로 퍼져나갔다. 20세기 초, 임금을 주는 다른 일터를 찾던 일부 쉬발리 브라만들은 그들의 요리법을 가지고 대도시로 가서 그들이 할 수 있는 유일한 일인 요리사로 일자리를 얻었다.

뭄바이Mumbai나 방갈로르(Bangalore, 현재의 벵갈루루—옮긴이)와 같은 신흥 중심지들에 자리를 잡은 그들은 사트빅(sattvic, 힌두교 철학에서 맑고 순수한 속성을 지닌 것을 일컬음—옮긴이) 식단 원칙(토마토, 양파, 콜리플라워, 당근과 같은 비非 사트빅 재료들이 포함되지 않는)에 따라 건강에 좋고 저렴한 채식 요리를 제공하기 시작했다. '우두피스ᵘᵈᵘᵖⁱˢ'라 불리는 이 소박한 식당들에서는 수많은 종류의 삼바르, '아자디나(ajadina, 드라이 카레)', '파트로드(pathrode, 각종 재료와 향신료를 토란잎으로 돌돌 말아서 익힌 요리)', 설탕이 든 '홀리지(holige, 달콤한 플랫브레드)', 처트니와 피클을 만들었다. 또 크레페처럼 바삭하고 노릇한 도사(dosa, 이것 역시 우두피에서 유래된 것으로 여겨진다), 이보다 더 두툼해서 팬케이크와 비슷한 '우타팜ᵘᵗᵗᵃᵖᵃᵐ'이나 부드럽고 폭신한 '이들리(Idli, 찐 쌀빵)'를 만드는 곳도 있다. 카스트 계급에 따른 차별이 없기로 유명한 우두피스는 값도 비싸지 않아 인도에서 가장 인기 있는 음식으로 손꼽히게 되었으며, 오늘날까지도 그 명맥을 유지하고 있다.

| 장소 | 호주 빅토리아(Victoria)주 |
| 특징 | 세계 각지의 맛이 섞인 이주자들의 도시 |

멜버른
MELBOURNE

방금 간 커피의 캐러멜 향이 따뜻한 피자 도우, 철판에 구운 로티, 버터의 풍미가 가득한 크루아상과 함께 춤춘다. 그뿐만이 아니다. 김이 모락모락 나는 생선 만두, '바르바레(berbere, 에티오피아의 향신료 믹스로 맵고 강렬한 맛이 난다－옮긴이)' 향신료, 소박하게 생겼지만 육즙이 잔뜩 배어나는 뜨거운 미트 파이까지. 세계 각국의 맛이 호주에서 두 번째로 큰 도시의 거리에 스며든다. 식민주의, 분쟁, 망명, 탈출, 행운 찾기 및 기업가 정신의 도가니 속에서 현대식 음식 문화가 꽃피는 곳….

멜버른은 약 5백만 명의 인구가 사는 도시로, 그 중 3분의 1 이상이 해외에서 태어난 이주자이다. 빅토리아주의 수도인 이

곳은 이주 인구가 세계에서 열 번째로 많은 도시이며, 2백여 개 국가에서 온 주민들이 살고 있다. 그들은 230개가 넘는 언어를 구사하고 110개가 넘는 종교를 믿으며, 음식에 대한 취향도 각 기 다르다. 바로 이 어마어마한 다양성이 멜버른을 지구상에서 가장 감질나게 하는 미식 도시 중 하나로 만들었다.

이 지역의 원주민은 포트필립만Port Phillip Bay 인근과 야라 강 Yarra River 주변에서 4만 년 넘게 살아온 쿨린Kulin족이다. 그들 의 식단은 환경과 계절에 따라 좌우되었다. 그들은 먹을 수 있 는 식물, 열매와 꽃을 채집하고 캥거루, 주머니쥐와 새를 사냥 했으며 뱀장어, 민물 가재나 기타 갑각류를 잡았다. 그들에게는 땅이 곧 식량 저장고였다.

그런데 1788년, 유럽인들이 호주에 도착했다. 그들은 19세 기 초부터 포트필립만 지역을 탐험하기 시작했다. 1837년에는 멜버른이라는 이름이 붙었고, 영국에서 곧장 배를 타고 온 최 초의 이주자들이 1839년에 도착했다. 그 이후 앵글로 켈틱An-glo-Celtic계가 대부분인 이주자들이 물밀듯이 들어오며 소고기, 양고기, 설탕, 빵과 같은 그들의 오래된 취향도 함께 유입되었 다. 1850년대에 빅토리아주에서 금이 발견되자 멜버른은 호황 을 맞이했다. 곳곳에서 시굴자들이 쏟아져 들어오는 통에, 이들 을 먹일 것이 필요했다.

희망을 품고 이주해 온 사람들 중 상당수는 중국인들로, 주로 중국 남부의 광둥성廣東省 출신이었다. 이중 다수는 실제로 금을 채취하는 것보다 광둥식 요리를 파는 음식점을 여는 편이 (동포들이 고향 생각을 하도록) 더 수익성이 있겠다고 판단했다. 리틀 버크 스트리트Little Bourke Street는 차츰 중국 약초상, 식료품점, 음식점들로 채워져 갔으며, 현재도 그대로 남아 있다. 리틀 버크의 네 블록을 차지하는, 좁은 골목들이 서로 교차하는 형태의 멜버른 차이나타운은 서양에서 가장 오래 지속된 중국인 정착지이다.

네 귀퉁이가 솟아오른 모양의 지붕이 달린 다섯 개의 화려한 문은 입구를 명확히 알려주며, 머리 위로 진홍색 등이 줄줄이 달린 길을 따라가다 보면 딤섬 집, '얌차yum cha' 브런치 집, 수프 가게, 흰색 테이블보가 깔린 광둥식 고급 레스토랑뿐만 아니라 태국, 말레이시아, 일본, 심지어 독일 음식점들도 볼 수 있다. 특별히 시도해볼 만한 요리가 있다기보다는, 돼지고기와 땅콩버터를 채운 완탕, 트러플 향이 나는 '샤오롱바오小籠包', '랩청(lap cheong, 중국식 소시지)'을 올린 바라문디(barramundi, 호주에서 흔히 먹는 흰살 생선—옮긴이) 등, 고전적인 요리에 새로운 아이디어를 더한 것들이 많다.

그 다음으로 많은 이주자(그리고 음식 문화)들이 유입된 때는

제2차 세계 대전 이후 호주가 인구 증가를 목적으로 유럽의 난민들을 적극적으로 받아들였을 때다. 그 중에는 이탈리아인과 그리스인도 있었고, 멜버른은 유럽 밖에서 그리스어 사용 인구가 가장 많은 곳으로 알려져 있다. 그들은 정통 방식으로 만들어진 기로스(gyros, 그리스식 케밥-옮긴이), 수블라키(souvlaki, 그리스의 꼬치 요리-옮긴이), 스파나코피타(spanakopita, 그리스식 시금치 파이-옮긴이), 파스타, 젤라토, 피자 등을 들여왔지만, 시간이 지나면서 현지인들의 입맛에 맞게 변형되었다. '오지Aussie' 피자에는 베이컨, 달걀, 그리고 때에 따라서는 파인애플도 토핑으로 올라간다.

또 맛좋은 커피와 함께 새로운 카페 문화도 유입되었다. 그 전까지는 필터 커피밖에 없었고 치커리를 섞어 만들었던 터라 커피가 맛이 없었다. 하지만 1950년대에 멜버른의 작은 이탈리아[Little Italy]라 불리는 라이곤 스트리트Lygon Street의 카페에서 에스프레소 머신이 처음 사용되면서, 사람들은 새삼 커피에 열정을 갖게 되었다. 보수적인 사람들은 악의 소굴이라며 비난했지만 에스프레소 바들은 번성했다. 이제 멜버른은 세계의 커피 수도로 여겨지며, 여기서 커피를 내리는 것은 최고의 원두, 적절한 도구와 숙련된 바리스타의 전문 기술을 필요로 하는 일종의 종교적 의식과 같다. 이런 음료는 셰비 시크(shabby-chic,

낡은 듯하면서도 세련됨–옮긴이), 미니멀리즘 또는 최신 유행 인테리어에 맞게 꾸며진 공간에서 마셔야 어울리겠지만, 사람들은 여전히 1954년 버크 스트리트에 세워져 지금까지도 에스프레소를 내리는 펠레그리니스Pellegrini's의 붉은색 바 의자로 모여든다.

1975년 베트남 전쟁이 막을 내리며 남베트남이 공산주의자들에 의해 점령되자 수백만 명의 동남아인들이 그곳에서 도망쳤다. 많은 이들이 호주에 망명을 요청하며, '리틀 사이공Little Saigon'이라 불리는 멜버른 리치몬드의 빅토리아 스트리트Richmond's Victoria Street와 같은 집단 거주지들이 생겨났다. 덕분에 그런 곳에서는 바삭한 '반콧banh khot' 팬케이크, 기름진 돼지고기가 들어가는 '분짜bun cha', 속이 가득 찬 바게트 샌드위치인 '반미banh mi' 등, 정말 맛있는 베트남 음식을 쉽게 찾을 수 있다. 동남아인들은 푸츠크레이Footscray와 같은 교외 지역에도 정착했다.

그리고 1980년대부터는 이곳에 데르그Derg 군사 정권을 피해 도망 온 에티오피아인들을 주축으로 하는 아프리카 난민들도 대거 유입되었다. 오늘날, 이 리틀 아프리카Little Africa에서는 매콤한 후추 맛 커리를 듬뿍 떠서 '인제라injera' 플랫브레드와 함께 먹고, '뜹스(tibs, 조각낸 고기 요리)'를 즐기고, 커피를 에티오피아 방식(토기 주전자인 '제베나jebena'에 든 커피를 작은 컵에 따라 세 번에 나누어 마심)으로 마셔볼 수 있다.

멜버른은 그 밖에도 더 다양한 지역의 음식 문화를 품고 있다. 그렇다 보니 그 모든 것을 맛볼 수 있는 최고의 장소는 아마 퀸 빅토리아 마켓Queen Victoria Market일 것이다. 1840년대부터 멜버른에는 수많은 노천 시장들이 생겨났지만, 인구가 늘어남에 따라 좀 더 체계적이고 위생적인 시설이 필요해졌다. 옛 멜버른 공동묘지 자리에 세워진 퀸 빅토리아 마켓은 1878년에 공식적으로 문을 연 이래로 도시 전체를 먹여 살리고 있다.

두 블록 넘게 펼쳐진 이 시장의 6백여 개 점포에는 그리스, 폴란드, 프랑스, 아프리카의 특산품부터 터키의 뵈렉(borek, 소고기나 치즈와 같은 재료들로 속을 채운 터키의 전통 페이스트리—옮긴이), 미국의 도넛, 독일의 브라트부어스트(bratwurst, 일반적으로 구워서 먹는 독일의 대표적인 소시지—옮긴이), 일본의 산도sando 샌드위치까지 온갖 음식이 다 있다. 모든 맛은 한데 어우러져, 멜버른 특유의 세계의 맛을 느끼고 기꺼이 모험을 즐길 준비가 되어 있는 손님들을 위해 혁신을 거듭하고 있다.

리스본
LISBON

달콤한 냄새, 따뜻한 온기, 손바닥에 쏙 들어올 정도로 작고 먹음직스러운 포장. 캐러멜라이징된 거뭇한 자국들이 노릇한 표면에 지문처럼 번져 있어 그다지 단정해 보이지는 않지만, 같은 모양이 하나도 없다는 점이 재미있다. 한 입 베어 물면 더없이 행복하다. 진한 버터 향이 나는 겹겹의 바삭한 페이스트리는 슬며시 배어나오되 뚝뚝 떨어지지는 않는, 부드러움과 끈적임 사이의 미묘한 경계에 있는 크리미한 커스터드를 가볍게 감싸고 있다. 이것은 사치스러운 간식인 동시에 기발함, 탐험, 수백 년 전통의 맛이기도 하다….

'파스텔 드 나타Pastel de nata'는 이제 세계적인 음식이 되었지만 그 뿌리는 리스본에서 찾을 수 있다. 이 작고 단순한 달걀 커스터드 타르트는 거리 구석구석에 있는 '파스텔라리아(pastelar-ia, 파스텔을 만들거나 파는 곳–옮긴이)'의 진열대를 빛낸다. 리스본 사람들에게 그것은 일곱 언덕이나 타호Tajo강처럼 영원히 이곳에 있었던 것 같은, 필연적인 존재다.

사실은 그렇지 않다. 포르투갈의 놀라운 베이킹 문화는 8세기에 이베리아반도Iberian Peninsula를 점령한 무어인들이 그들의 디저트 기술을 들여오면서부터 본격적으로 시작되었다. 재정복 이후에는 가톨릭 수녀들이 그 일을 맡았다. 수녀복을 빳빳하게 만드는 것을 비롯한 여러 가지 일들에 달걀 흰자를 사용하느라 노른자가 많이 남게 되었는데, 그것을 그냥 버리는 건 죄와 마찬가지였다.

15세기에 해외 식민지에서 설탕이 들어오자, 수녀들은 그 재료들을 다양한 방식으로 조합해보기 시작했다. 그렇게 완성한 디저트는 수녀원에서 판매해 선행 사업을 위한 자금으로 사용했다. 고위 성직자들이 방문하는 경우에는 특히 정교한 디저트를 대접해 그들을 감동시키기도 했다.

각 수녀원 주방에서 특색 있는 디저트를 만들어냄에 따라 다양한 종류의 수녀원 디저트들과 함께 새로운 국가적 요리 문화가 생겨났다. 사람들은 달콤한 맛을 다양한 형태와 맛으로 즐기

게 되었다. 휘핑한 달걀 노른자를 구운 후 설탕 시럽에 끓여 만든 윤기 나는 빵 '파푸 드 안주(papo de anjo, 천사의 이중 턱)', 라드로 만든 아몬드 케이크 '토시뉴 두 세우(toucinho do céu, 천국의 베이컨)', 포르투갈식 브레드푸딩의 일종인 '바히가 드 프레이라(barriga de freira, 수녀의 배)', 올리브오일과 계피로 맛을 낸 '볼루 포드르(bolo podre, 썩은 케이크)'와 같은 수십, 아니 수백 가지 조합들이 있다. 파스텔 드 나타도 그 중 하나다.

파스텔 드 나타의 원조인 '파스테이스 드 벨렝pastéis de Belém'은 리스본의 제로니무스 수도원Jerónimos Monastery에서 만들어졌다. 이 웅장한 마누엘 양식(Manueline, 16세기 초 포르투갈 마누엘 1세 재임기에 성행했던 포르투갈 고유의 건축 양식–옮긴이)의 걸작은 대항해 시대에 포르투갈의 위대한 탐험가들이 출항했던 대서양의 항구, 벨렝의 연안 지역에 웨딩 케이크처럼 솟아 있다. 장식이 많고 화려한 이 수도원과 인근의 탑은 바스쿠 다가마Vasco da Gama가 인도로 가는 바닷길을 발견한 1497년~1499년 항해를 기념하기 위해 지어졌으며, 수도원 안에는 다가마의 시신이 안장되어 있다.

이곳에서는 1834년까지 철저히 비밀로 지켜진 레시피로 파스테이스(Pastéis, 파스텔Pastel의 복수형–옮긴이)를 만들었으나, 포르투갈 내전의 종식으로 전국의 수도원이 해산되면서 제조가

중단되었다. 살 길이 막막해진 수녀와 수도사들 중 일부 진취적인 사람들은 어떻게든 생계를 유지하고자 구운 빵이나 레시피를 팔기 시작했다.

1837년, 제로니무스 수도원 인근의 설탕 정제소에 딸린 작은 가게인 안티가 콘페이타리아 드 벨렝Antiga Confeitaria de Belém에서 수도원의 대표 디저트를 생산하기 시작했다. 지금도 그곳에서는 그때와 같은 비밀 레시피로 파스텔을 일일이 손으로 만들고 있다. 그 레시피를 속속들이 아는 제과 장인은 단 세 명뿐이라고 한다.

그 맛을 보고자 했던 초기의 방문객들은 리스본 시내에서 벨렝까지 증기선을 타고 왔다. 요즘에는 트램을 타거나 18세기에 조성된 코메르시우 광장Praça do Comércio에서부터 해안을 따라 걸어갈 수 있다(도보 약 90분 거리).

그 제과점은 매일 2만 개(때로는 5만 개)에 달하는 완벽한 파스테이스 드 벨렝을 만든다. 빈티지한 카운터에서 원통형 상자에 포장된 타르트를 사고 싶거나, 아줄레주(azulejo, 포르투갈의 전통적인 푸른색 도자기 타일 장식—옮긴이)로 장식된 카페에 앉아 타르트에 슈가파우더나 계피 가루(선택 사항)를 뿌려서, 또는 '비카(bica, 에스프레소)'와 함께 즐기고 싶다면 긴 대기 줄을 견뎌야 한다. 포르투갈 내 어디서나 볼 수 있는 파스테이스 드 나타

와 비슷하지만, 벨렝 버전은 페이스트리가 유독 가볍고 바삭하
며 달걀 커스터드 필링이 약간 덜 달아서 나도 모르게 여러 개
를 먹게 된다.

장소   프랑스 프로방스알프코트다쥐르(Provence-Alpes-
         Côte d'Azur)

특징   도시의 영혼을 상징하는 맛좋은 생선 스튜

마르세유
MARSEILLE

수많은 요리의 바다가 소용돌이치는 곳. 사연이 많은, 생기 넘치는 오래된 항구로 밀려든 세계 각지의 맛들. 하지만 그 중에서도 주목할 만한 요리가 하나 있다. 이 투지 넘치는 도시의 특징적인 요리. 가장 인기 없는 부위나 품질이 떨어지는 찌꺼기를 최대한 활용한 음식. 어부의 포획물 중에서도 가장 못생기고, 뼈만 앙상하고, 제일 보잘 것 없는 것을 정말 아름다운 무언가로 끓여낸 것….

기원전 600년에 그리스인들이 세운 마르세유Marseille는 프랑스에서 가장 오래되고 두 번째로 큰 도시다. 소금기 가득하고, 강하고 눈부신 햇빛이 끊임없이 내리쬐는 이곳은 지중해 느

낌이 물씬 난다. 또한 반항적인 동시에 우호적이고 활기차며 바다를 중시한다. 남유럽, 북아프리카, 중동 및 그 너머에 있는 나라들과 오래 전부터 무역과 교류를 해온 덕분인지 프랑스적인 느낌보다는 세계적인 느낌이 더 많이 난다.

이 다문화적인 유산은 도시의 요리에 스며들었다. 그리스인들이 가져온 포도와 올리브나무, 이후에 베네치아 상인들이 들여온 커피는 마르세유를 거쳐 프랑스에 처음으로 소개되었다. 오늘날 이 지역에서 가장 사랑 받는 음식 중 하나는 20세기 초에 나폴리 이민자들이 들여온 피자로, 항구 도시에 걸맞게 보통 안초비anchovy가 토핑으로 올라간다. 그러나 알제리 베르베르족이 만든 쿠스쿠스, 세네갈의 생선 페이스트리, 튀니지의 병아리콩, 레바논의 플랫브레드, 메르게즈 소시지, 모로코의 파스티야(pastilla, 다진 고기 등을 얇은 페이스트리로 싸서 구운 모로코식 파이-옮긴이) 등도 있다. 111개 구역으로 이루어진 이 드넓은 도시에서는 누구나 입맛에 맞는 무언가를 찾을 수 있다.

하지만 마르세유를 대표하는 음식은 부야베스bouillabaisse이다. 이 맛있는 생선 스튜의 이름은 프로방스어(프랑스 남부 지역의 전통 언어-옮긴이) '부이(bolhir, 끓이다)'와 '아베사(abaissar, 뭉근히 끓이다)'의 합성어인 '부야바서bolhabaissa'에서 유래했다. 이것은 그리스 정착민들이 들여온 그들의 전통 수프 '카카비아

kakavia'에서 발전된 것이라는 설도 있고, 또 로마의 사랑의 여신 비너스가 애인 마르스와 몰래 떠나기 위해 남편 불카누스를 잠 재우려고 만들었다는 설도 있다. 하지만 이런 신성한 추측에도 불구하고, 부야베스는 노동자 계급의 음식으로 시작되었을 가 능성이 더 높다.

어부들은 바다에서 잡은 것들 중에 더 싸고 상품성이 떨어 지는 찌꺼기로 저녁을 만들어 먹곤 했다. 맛은 있지만 가시가 많고 볼품없는 쏨뱅이scorpion fish, 붕장어conger eel, 노랑촉수red mullet, 독이 있는 동미리weever fish, 성대gurnard, 달고기John Dory / Saint Pierre 등이 들어가며 성게, 홍합, 랑구스틴이나 게가 추가 되기도 한다. 어부의 아내들은 해변에서 불을 피우고 바닷물을 담은 무쇠 냄비에 그것들과 양파, 펜넬, 부케 가르니, 마늘, 올 리브오일, 사프란 등을 함께 던져 넣고 끓였다. 17세기부터는 아메리카 대륙에서 새로 들어온 토마토도 추가되었다. 시간이 흐르면서 이 소박한 음식은 고급 요리가 되었다.

부야베스는 그것을 만드는 요리사의 수만큼 그 종류가 다양 하지만, 몇 가지 규칙이 있다. 1980년, 일부 레스토랑 주인들은 마르세유 부야베스의 정통성을 지키고자 '부야베스 헌장'을 만 들었다. 가령, 냉동되지 않은 신선한 재료를 사용해야 하며 전 통적인 '못생긴' 생선들 중 최소 4종이 들어가야 한다. 또한 특정한 방식으로, 2코스로 서빙되어야 한다. 첫 번째로는 김이 모락모락 나는 수프가 구운 빵, 생마늘, 사프란 마요네즈인 루이유rouille와 함께 나온다. 빵에 마늘을 문지르고 루이유를 올린 뒤 수프에 담가 먹으면 된다. 두 번째 코스는 남은 수프를 뿌린 생선이다. 익힌 생선은 일단 통째로 손님에게 보여주고 나서 보이는 곳에서 뼈를 발라 제공된다. 이렇게 하면 그 안에 어떤 재료가 들어갔는지 정확히 알 수 있다.

지난 10년 동안 마르세유는 크게 변했다. 유럽 최대의 도시 재생 계획들 중 하나에 따라 구 항구[Vieux-Port]에 새 트램 선로와 문화 공간들이 생겨나면서 범죄의 소굴이라는 악명에서 벗어나게 되었다. 한때 상선들이 이국적인 화물을 싣고 왔던 역사적인 해안가. 지금도 여전히 삐걱삐걱 흔들리는 돛대들을 볼 수 있는 그곳을 이제는 한결 더 쾌적하게 거닐 수 있다.

| 장소 | 프랑스 오베르뉴론알프(Auvergne-Rhône-Alpes) |
| 특징 | 가장 소박하고 따뜻한 곳에서 만나는 최고급 프랑스 요리 |

리옹
LYON

들어서는 순간 열기, 고기 냄새와 화기애애함으로 꽉 찬 공기가 훅 밀려온다. 공간 자체는 작고 단순하다. 반질반질한 카운터가 보이고, 빨간 체크무늬 천이 덮인 테이블 몇 개가 빽빽이 들어찬 곳. 바닥이 두꺼운 유리병들이 늘어서 있고, 와인 잔들은 채워지기가 무섭게 들어올려져 쨍그랑 부딪친다. 천장에 매달려 있는 냄비와 소시지들, 벽을 장식한 빛바랜 사진들과 오래된 포스터들. 칠판에 경쾌하면서도 우아한 론드ronde 체로 적힌 메뉴는 장어 스튜, 강꼬치고기pike 단자, '텟 드 보(tête de veau, 송아지 머리)' 등을 광고한다.

수많은 미슐랭 별들이 빛나는 도시이긴 하지만, 정말 빛나는

것은 바로 이 시대를 초월한 비스트로들이다….

리옹은 그렇지 않아도 미식의 나라로 유명한 프랑스의 미식 수도로 여겨진다는 점에서 세계 최고 미식 도시의 자리를 충분히 넘볼 만하다. 이 세련된 도시는 오래 전부터 음식 맛이 훌륭하기로 유명했으니, 최고를 운운하는 것은 대담하되 정당한 주장이다. 오늘날, 리옹에는 수많은 파티세리patisseries, 샤퀴테리charcuteries, 블랑제리boulangeries, 프로마주리fromageries와 4천 개의 유명 레스토랑이 있어서, 인구 대비 음식점 수가 전국에서 가장 많은 도시로 손꼽힌다.

리옹은 지리적 조건이 좋다. 프랑스 중동부, 알프스산맥 가장자리에 론Rhône강과 손Saône강이 만나는 곳에 있어서 프랑스의 식량 창고로 여겨진다. 남부에서 온 과일, 채소와 올리브오일, 동브Dombes 습지대의 민물고기, 품질 좋기로 유명한 브레스Bresse의 닭고기, 리요네산Monts du Lyonnais에서 난 돼지고기, 인근 알프스 초원에서 온 치즈, 보졸레Beaujolais와 론의 와인까지, 온갖 최고의 식재료를 근처에서 쉽게 구할 수 있다. 실제로, 기원전 43년에 로마인들이 도착해 루그두눔(Lugdunum, 리옹의 옛 이름—옮긴이)이라는 이름을 붙인 이래로 이곳은 주요 와인 산지였다.

중세 시대에는 이곳에서 많은 무역 박람회가 열리기도 했다.

그리고 15세기부터 리옹은 실크 생산 중심지로 발전했는데, 덕분에 이곳에는 한때 직공들이 악천후로부터 그 귀한 직물을 보호하기 위해 이용했던 '트라불(traboule, 자갈로 포장된 비밀스러운 통로)'이 광범위하게 얽혀 있다. 이렇게 많은 일들이 이루어지고 여러 사람들이 거쳐 가는 곳이라 모두를 먹일 음식이 필요했다.

'부숑(bouchon, 리옹의 트레이드마크인 가족 경영 비스트로)'의 전통은 '카뉘(canut, 견직물 공장의 직공)' 동네인 크루아루스Croix-Rousse에서 시작되었다. 부숑이라는 이름은 과거에 여관 주인들이 배고픈 행인들에게 음식을 판매한다는 것을 알리기 위해 문에 나뭇가지 다발을 걸어두었던 것에서 유래한 듯하다. 이 소박한 식당들은 음식과 함께 와인을 제공했으며 푸짐하고 정직한 음식을 전문으로 했다. 이는 18세기 중반부터 상류층 가정에서 일하던 겸손하지만 선구적인 집안의 요리사들, '레메르 리요네즈(les Mères Lyonnaises, 리옹의 어머니들)'가 자기 식당을 열기 시작하면서 발전해나갔다. 가장 유명한 사람은 프랑스 여성으로서는 최초로 미슐랭 별 3개를 받은 메르 브라지에(Mère Brazier, 1895년생)였다. 그녀는 후에 리옹 태생인 프랑스 미식의 거장 폴 보퀴즈Paul Bocuse를 가르치기도 했다.

부르주아들은 잘 먹지 않던 내장이나 자투리 재료를 활용하는 데 익숙했던 어머니들은 그 어떤 것도 낭비하지 않았다.

오늘날에도 고전적인 부숑 요리에는 돼지 창자로 만들어 강한 냄새가 나는 '앙두예트andouillette' 소시지, '타블리에 드 사푀르(tablier de sapeur, 소의 양에 빵가루를 입혀 튀긴 것)', '클라 포통(cl-apotons, 양 다리를 익혀 비네그레트 소스에 버무린 것)', '크넬 드 브로셰(quenelles de brochet, 강꼬치고기 단자)' 등이 포함된다. 좀 더 시도해보기 쉬운 요리로는 '살라드 리오네즈(salade Lyonnaise, 크루통, 베이컨, 수란이 들어감)', '세르벨 드 카뉘(cervelle de canut, '실크 직공의 뇌'라는 뜻이지만 실제로는 허브 치즈 스프레드의 일종)', '타르트 프랄린tarte praline'과 '뷔뉴(bugnes, 꽈배기 도넛)'가 있다.

리옹에는 아직도 수많은 부숑이 있으며 특히 파듀(Part-Dieu, 거대한 폴 보퀴즈 시장Halles de Lyon-Paul Bocuse이 있는 곳)와 화려한 크루아루스 지역에 몰려 있다. 하지만 이들 모두가 리옹 부숑 협회Les Bouchons Lyonnais 소속은 아니다.

역사적인 식당들의 전통을 지키기 위해 2012년에 설립된 이 협회는 어떤 등록 상표라기보다는 부숑들의 나아갈 길에 대한 선언문에 더 가깝다. 즉, 부숑은 따뜻하고 활기찬 분위기, 간단한 홈메이드 메뉴, '포 리요네(pot Lyonnais, 리옹의 부숑에서 사용하는 바닥이 매우 두꺼운 유리병—옮긴이)' 병에 제공되는 보졸레 와인, 서로 가까이 붙어 있는 나무 테이블들과 소박한 장식, 아연을 입힌 조리대와 그 앞에 서서 좌중을 사로잡는 인상적인 주인

을 갖추어야 한다는 것. 협회의 그나프롱(Gnafron, 리옹의 전통 인형-옮긴이) 로고를 찾아보자. 볼이 빨갛고 쾌활해 보이는 이 인형은 19세기에 만들어진 것으로, 그 로고는 협회가 인정한 부숑들에 붙어 '좋은 음식과 와인을 좋은 기분으로 즐기자'는 모토를 상징한다.

장소	이탈리아 에밀리아로마냐(Emilia-Romagna)주
특징	'뚱보의 도시'에서 즐기는 풍성한 요리

볼로냐
BOLOGNA

볼로네제 스파게티? 그 말은 입에 담지도 말자. 적어도 이 포르티코(portico, 일렬로 세운 기둥들이 지붕을 떠받치는 형태의 아케이드−옮긴이) 거리들에서는. 세계 어디서나 볼 수 있는 그 요리(학생들의 단골 음식, 첫 데이트 메뉴, 아이들이 즐겨 먹는 요리)는 이 아름답고 오래된 도시의 이름을 따서 명명되기는 했지만 이곳 사람들은 이를 달갑지 않게 여기는 게 분명하다. 그들에게 '스파그볼Spag bol'은 모욕이나 다름없으며 요리에 대한 신성모독, 고기와 밀가루의 부정한 변형이다.

이곳은 역사와 지성, 그리고 산업의 장소이자 음식 문화가 크게 발달한 곳이다. 테라코타 탑과 신축성 좋은 바지가 만나는 곳. 전통이 스며 있는, 시간과 사랑을 들여 조리된 풍부하고 칼로리 높은 음식이 당신과 위험한 관계를 맺는다….

이탈리아 북부 에밀리아로마냐주의 주도인 볼로냐는 기원전 6세기에 에트루리아인들에 의해 처음 세워졌다. 그리고 그 이후로 많은 별명을 얻었다. 1088년에 설립되어 지금도 건재한 아주 오래된 대학이 있어서 '라 도타(La Dotta, '현자'의 도시)'라 불리기도 하고, 좌파 정치의 오랜 역사 때문에 '라 로사(La Rossa, '빨간' 도시)'로도 불린다. 그도 그럴 것이, 1256년에 이곳에서 '파라디숨 볼룹타티스법(Paradisum Voluptatis, 1256년 볼로냐에서 공포된 법문으로, 노예제 폐지 및 농노 해방을 선언함 – 옮긴이)'이 통과됨으로써 세계 최초로 노예제를 폐지한 도시가 되었고, 보다 최근에는 제2차 세계 대전 중 반파시즘 사상의 중심지였기 때문이다.

하지만 모두가 인정하는 별명이 있으니, 바로 자기네 음식을 사랑한다는 의미의 '라 그라사(La Grassa, '뚱보'의 도시)'이다. 볼로냐 음식은 사정없이 고기가 많고, 크림과 버터가 많이 들어가고, 기름지고, 탐닉적이고 맛있으므로 다이어터들은 다른 곳을 찾아보기를.

로마 시대부터 무역과 농업이 번성했던 볼로냐는 풍요로운 땅에 자리 잡고 있다. 주변의 시골 지역에는 올리브나무 밭, 포

도밭, 비옥한 농지가 넘쳐난다. 중세의 골목길들, 붉은 지붕들, 끝없는 포르티코들이 빽빽한 미로처럼 펼쳐진 볼로냐 역시 이 지역에서 뽑고, 생산하고, 완성한 음식으로 가득해 그야말로 비만 상태다.

한 바퀴 돌아보면 알 수 있을 것이다. 거대한 채소들을 파는 가판대, 손으로 만든 온갖 크기와 모양의 샛노란 파스타가 가득한 가게들. 가까운 파르마Parma에서 난 아주 꼬릿한 파르미지아노 레지아노Parmigiano Reggiano를 파는 치즈 장수, 근처에 있는 모데나Modena에서 난 발사믹 식초aceto balsamico 때문에 끈적이는 식료품점의 선반, 커다란 햄들과 모르타델라(mortadella, 볼로냐 지역에서 생산되는 소시지-옮긴이)가 걸려 있는 강한 냄새를 풍기는 델리숍들. 체크무늬 천을 씌운 테이블들이 빽빽이 들어차 있고 주방에서는 짙은 색 앞치마를 두른 여성들이 돼지고기를 넣은 작은 토르텔리니를 빚느라 바쁜(몇 대째 이어져 내려온 방식대로) '오스테리아(osteria, 간단한 메뉴를 제공하는 와인 바)'들.

하지만 그 어떤 요리보다 볼로냐 사람들의 기호를 더 잘 정의하게 된 것이 있으니, 바로 볼로네제 스파게티다. 정확하게는 '탈리아텔레 알 라구 볼로네제tagliatelle al ragú Bolognese'가 다른 모든 레시피들이 우러러보아야 할 원조 레시피다. 이 요리의 유래는 명확하지 않다. 라구ragú는 프랑스어 '라구ragout'에서 비롯되었고, 이것은 다시 고기와 채소를 약불에서 오랫동안 익히는 방식을 묘사한 '라구테(ragoûter, '맛을 되살리다')'라는 말에서 유래했다. 이탈리아 논나(nonna, '할머니'라는 뜻―옮긴이)들이 말하듯이 '피아노 피아노Piano piano', 즉 '천천히' 익히는 것이다.

이 느린 요리의 개념이 처음에 토마토 없이(라구 레시피에 토마토가 들어가기 시작한 건 19세기 중반부터다) 중세 프랑스에서 이탈리아로 전해졌을 때는 소스라기보다는 스튜에 가까웠다. 파스타에 라구를 곁들인 것은 1891년 요리책 작가인 펠레그리노 아르투시Pellegrino Artusi가 최초라고 한다. 비록 그는 오늘날의 순수주의자들이 보면 눈살을 찌푸릴지도 모를 재료들까지(닭의 간, 얇게 썬 트러플과 크림 반 컵) 넣으라고 하긴 했지만.

사실, 이탈리아에는 지역별로 다양한 라구가 있지만 볼로냐 라구가 여전히 최고로 인정받는다. 1982년에는 볼로냐 상공회의소의 이탈리아 요리 아카데미Italian Academy of Cuisine at Bologna's Chamber of Commerce가 탈리아텔레 알 라구 볼로네제의 공인 레시피를 등록하기도 했다. 그래도 가정에서 요리하는 사람들, 주부들이나 미슐랭 요리사들이 정확한 요리법과 재료에 대해 왈가왈부하는 일은 끊이지 않고 있지만, (거의) 모두가 동의하는 몇 가지 규칙이 있다.

우선, 주재료들이다. 지방 함량이 높고 풍미가 좋은 고기(보

통 소고기 그리고/또는 돼지고기)와 판체타(pancetta, 이탈리아식 베이컨-옮긴이)가 들어가야 한다. 곱게 다진 양파, 당근과 셀러리도 넣되, 캐러멜라이징하여 맛을 최대한 끌어내야 한다. 토마토는 통조림을 사용해도 되는지 여부에 대한 논쟁은 있지만 이제는 빠져서는 안 되는 재료다. 와인 역시 필수이며, 에밀리아로마냐주에서 생산되는 가볍고 과일향이 풍성한 피놀레토pignolet-to를 쓰면 더욱 좋다. 그리고 소금, 어쩌면 후추나 월계수 잎도 넣고 때때로 너트메그(nutmeg, 육두구)도 넣는다. 다른 허브는 사용하지 않으며, 마늘은 절대로 넣지 않는다.

한 가지 중요한 점은, 라구는 절대 스파게티에 곁들이지 않는다는 것이다. 올바른 파스타는 보다 납작하고 넓은 띠처럼 생겨서 고기를 잘 잡아주는 탈리아텔레Tagliatelle이다. 탈리아텔레는 에밀리아로마냐주의 유명한 '파스타 알루오보(pasta all'uovo, 달걀 파스타)' 중 하나로, 이곳의 특산품이다. 이것은 밀가루 100그램당 대란 1개의 비율로 만들어진다.

1570년 《요리의 기술The Art of Cooking》이라는 책에서 언급된 이후, 탈리아텔레는 그 지역의 의식 속에 조금씩 스며들었다. 여러 세대에 걸쳐 볼로냐의 아이들은 탈리아텔레를 안 먹으면 키가 안 큰다는 말을 듣고 자랐고, 여자아이들은 탈리아텔레를 만들 줄 모르면 시집을 못 간다는 경고를 받았다. '짧은 영수증과

긴 탈리아텔레가 있기를 Conti corti e tagliatelle lunghe'이라는 말이 통용될 정도.

탈리아텔레는 전통적으로 손으로 만들어지며, 마니아들에 따르면 반드시 나무 작업대 위에서 나무 밀대로 작업해야 한다고 한다. 그래야 목재의 자연스러운 결이 반죽에 찍혀 소스가 잘 달라붙는 질감이 되기 때문이다. 상공회의소 레시피는 심지어 탈리아텔레의 완벽한 너비를 8밀리미터로 정해두었는데, 이를 달리 표현하면 볼로냐의 기울어진 아시넬리 탑 Torre degli Asi-nelli 높이의 12,270분의 1에 해당한다. 12세기에 지어진 이 97미터 높이의 탑은 볼로냐의 상징이다. 도시의 전망을 한 눈에 볼 수 있는 최고의 장소 중 하나지만, 꼭대기까지 498개의 계단을 올라야 하므로 식사 후에 바로 올라갔다가는 후회할지도 모른다.

베네치아

VENEZIA

치케티cicchetti는 단순히 먹는 것이 아니라 삶 그 자체다. 베네치아를 움직이는 원동력, 즉 사회적 자양분이 되는 저렴하고 캐주얼한 핑거 푸드. 그것은 젊은 친구들의 만남이자, 노인들이 '크로스티니(crostini, 바삭하게 구운 작은 빵 위에 갖가지 토핑을 올려 먹는 이탈리아 요리-옮긴이)'를 씹으며 오랜 시간 담소를 나누는 것이다. 그것은 비번인 곤돌라 사공들이 미트볼을 시켜놓고 의견을 교환하는 것이며 동료들, 형제들, 이웃들, 지인들이 와인이나 그라파(grappa, 와인을 만들고 남은 찌꺼기를 증류해 만든 술-옮긴이)를 한 잔씩 들이켜며 소식을 주고받는 것이다. 그것은 이른 간식, 가벼운 점심식사, 해 질 무렵의 '아페리티보

미식이 좋다 여행이 좋다

aperitivo'이자, 속도를 늦추는 빠른 방법이기도 하다. 옛 베네치아 속담처럼, "인생은 전광석화와 같으니 먹고 마셔라(magna e bevi che la vita xé un lampo)"….

베네치아는 아주 독특한 도시다. 전해지는 이야기에 따르면, 421년 3월 25일 정오에 세워진 '라 세레니시마(La Serenissima, '가장 평온한' 곳이라는 뜻으로 베네치아의 별칭—옮긴이)'는 본래 석호에 흩어져 있는 작은 늪지섬들에 지나지 않았다. 가라앉고 있는 숭고한 도시. 물이 도로를 대신하는 한때의 해상 강대국. 아주 작은 예배당이나 팔라초(palazzo, 궁전—옮긴이)에서도 르네상스 시대의 걸작을 볼 수 있는 탁월한 예술의 중심지. 이런 곳에서 식습관 역시 특별하지 않을 이유가 없지 않을까?

치케티는 정말 베네치아적이다. 그 단어가 '적은', '소량'을 뜻하는 라틴어 'ciccus(치쿠스)'에서 비롯되었다는 말도 있다. 유래가 어떻든, 치케티는 서서 손으로 집어먹을 수 있는 한 입 크기의 간식들을 말한다. 그 종류로는 이쑤시개에 꽂은 절인 고기와 치즈, 튀긴 '폴페테(polpette, 고기나 생선을 동글게 빚은 것)', 꼬치에 꽂은 '프리토 미스토(fritto misto, 이탈리아식 모듬 튀김—옮긴이)', 작고 아기자기한 '트라메치니(tramezzini, 삼각 샌드위치)'나 참치마요에서부터 고르곤졸라, 라디치오, 토마토, 생새우에 이르기까지 다양한 토핑을 올린 바삭한 크로스티니Crostini 등이

있다. 그 중에서도 정말 특별한 것은 소금에 절인 대구, 올리브 오일, 마늘을 무스처럼 부드럽게 휘저어 구운 폴렌타 조각에 올려 먹는 '바칼라 만테카토baccalà mantecato'와 과거에 선원들이 긴 항해에 대비해 음식을 보존하던 것을 떠올리게 하는 '사르데 인 사오르(sarde in saor, 식초에 절인 정어리)'이다.

치케티의 기원은 와인에 있다. 1087년에 문을 연 리알토 시장Rialto Market은 13세기에는 중세 유럽에서 가장 국제적인 무역 중심지 중 하나로 성장했다. 와인 양조업자들은 이곳에서 상인, 은행원, 여행객, 순례자들에게 와인을 팔았고, 사업가들은 빠르게 한 잔 하면서 거래를 성사시켰다. 와인 거래상들은 베네치아의 다른 곳들도 돌아다니며 산마르코 광장Piazza di San Marco의 종탑 그늘 아래에서 통에 든 술을 바로 따라 팔기도 했다. 그들은 종일 해의 움직임에 따라 종탑 주변을 돌며 와인을 시원하게 유지했다고 한다. 이 때문에 그들이 작은 잔에 팔던 와인은 그림자를 뜻하는 '운 옴브라un'ombra'로 알려지게 되었다.

베네치아 사람들은 빈속에 술 마시는 것을 좋아하지 않아서, 손님들이 더 오래 술을 마시도록 하는 작은 간식인 치케티가 생겨났다. 그리고 마침내 와인 양조업자들은 보다 영구적인 장소를 찾아 '바카리bàcari'로 옮겨갔다. 의자도 테이블도 없는 이 작고 소박하고 저렴한 선술집에는 기껏해야 낡은 와인 통 몇 개만

놓여 있어서, 몸을 기대거나 작은 간식을 올려놓을 수 있을 뿐이었다. 바카리라는 이름은 로마 신화 속 와인의 신인 '바쿠스 Bacchus'에서 유래했다고도 하고, 현지 표현인 '파르 바카라(far bàcara, 다함께 먹고 마시고 즐기자는 뜻)'에서 비롯되었다고도 한다.

이 간소한 술집의 특성은 수세기에 걸쳐 변했지만, 치케티 문화는 여전히 번창하고 있다. 주요 광장들에서 벗어나면 관광객들이 잘 모르는 현지인 위주의 바카리를 찾을 수 있다. 손짓으로 대화하는 현지인들 사이를 비집고 들어가 일단 바텐더에게 "와인 한 잔 주세요(un'ombra, per favore/운 옴브라, 페르 파보레)!"라고 외치고 카운터에 진열된 간식을 훑어본 다음 원하는 것을 가리키면 된다.

사실, 이 구불구불하고 웅장한 도시를 구경하기에는 천천히 먹으며 돌아다니는 '지로 데 옴브레(giro de ombre, 베네치아식 술집 순례)'가 가장 좋은 방법이다. '칼리(calli, 거리들)'와 '캄피(campi, 광장들)'를 헤매고, 웅장한 건물과 다 무너져가는 건물들을 감상하고, 사공들의 노 젓는 소리와 오페라 부르는 소리에 귀를 기울이며, 사람들이 석호의 물처럼 밀려오고 빠져나가는 것을 지켜보자. 그리고 가끔은 걸음을 멈추고, 맛있는 간식과 정직하게 만든 흙냄새 나는 와인을 먹고 마시자. 이것이 베네치아를 즐기는 방법이다.

| 장소 | 독일 바이에른(Bayern)주 |
| 특징 | 현지에서 맛보는 유명한 크리스마스 간식 |

뉘른베르크
NÜRNBERG

렙쿠헨Lebkuchen은 단순한 비스킷이 아니라, 독일 크리스마스 진저브레드의 진수이다. 색이 짙고, 속이 꽉 차 있고, 쫀득하고, 달콤하고, 부드럽고, 향긋하다(생강, 계피, 정향, 너트메그 등의 맛). 또한 그것은 눈 덮인 전나무와 산타 선물을 받으려고 걸어둔 양말, 타닥타닥 타는 벽난로와 대림절 초들, 오래된 자갈길 위로 반짝이는 꼬마전구들, '오 탄넨바움(O Tannenbaum)'을 부르는 합창단들, 상쾌한 겨울 공기와 축제의 '게뮈틀리히카이트(gemütlichkeit, 편안하고 아늑함)'를 연상시킨다. 그것을 맛보기에 더 좋은 장소는 이 세상에 없다….

바이에른주 제2의 도시인 뉘른베르크Nürnberg는 온갖 일을

다 겪었다. 1050년부터 1571년까지는 사실상 신성로마제국의 수도로, 한때는 이곳의 거대한 성에서 왕관을 비롯해 왕권을 상징하는 보석들을 보관하기도 했다. 하지만 1930년대에는 나치 당의 가장 광란적이고 가장 오싹한 집회가 개최되었고, 전후에는 나치 지도자들이 재판을 받고 처형당했던 곳이기도 하다. 영광과 오욕이 뒤섞인 복잡한 과거.

렙쿠헨은 영광의 시기에 생겨났다. 고대 무역로의 교차점에 자리 잡은 뉘른베르크는 유럽의 큰 상업 중심지 중 하나였다. 콘스탄티노플(이스탄불), 베네치아와 함께 향신료의 허브였던 터라 시내에는 계피, 정향, 카다멈, 너트메그, 아니스씨aniseed, 생강 등의 향이 가득했다. 그리고 그 중 일부가 프랑켄(Franken, 바이에른 북부와 그 인접 지역-옮긴이) 지역의 수도사들에게 전해졌다.

수도원 베이커리에서는 오래 전부터 치유 효능이 있다고 알려진 꿀로 케이크를 만들었다. 그런데 동양에서 새로운 향신료들이 쏟아져 들어오자, 수도사들도 그것을 반죽에 넣기 시작했다.

약재로 여겨졌던 향신료를 넣어 만든 '페퍼쿠헨(pfef-ferkuchen, 후추 케이크. 여기서 후추는 모든 향신료를 통칭하는 말)'은 소화 불량을 완화하기 위해 사용되었다. 그 후에 이름이 바뀌면서 1395년 뉘른베르크에서 '렙쿠헨'이라는 단어가 처음 등장했다.

이 신종 진저브레드가 뉘른베르크에서 널리 퍼질 수 있었던 건 향신료 무역뿐만 아니라 꿀이 순조롭게 공급된 덕분이기도 했다. 도시의 남동쪽, 자작나무·오크나무·소나무와 헤더(heather, 산이나 황무지에 나는 보랏빛 야생화―옮긴이)로 뒤덮인 로렌처 라이히스발트Lorenzer Reichswald에는 '신성로마제국의 꿀벌 정원'이라 불릴 정도로 많은 벌떼가 살고 있었다. 이곳에서는 지정된 '차이들러(Zeidler, 양봉가)'들이 독특한 녹색 옷과 뾰족한 모자를 쓰고 귀한 꿀을 수확했다.

요즘에는 독일 전역에서 렙쿠헨을 찾아볼 수 있다. 하지만 뉘른베르크의 렙쿠헨은 1996년 지리적 표시 보호(Protected Geographical Indication, PGI) 인증을 받으며 급이 다름을 보여주었다. 그 중에서도 최고급 렙쿠헨은 '엘리젠렙쿠헨Elisenlebkuchen'이다.

전해지는 바에 따르면, 이는 뉘른베르크의 어느 '렙첼터(Lebzelter, 진저브레드 만드는 사람)' 장인의 딸이었던 엘리자베트Elisabeth의 이름을 따서 지은 것이라고 한다. 엘리자베트가 병에 걸렸는데 의사들조차 손을 쓰지 못하자, 보다 못한 그 장인은 밀가루 없이 계피, 바닐라, 정향, 고수, 올스파이스, 너트메

그, 생강, 카다멈의 향긋한 혼합물을 비롯한 최고급 재료들만을 가지고 딸에게 먹일 특별한 렙쿠헨을 만들었다. 이것은 효과가 있었다. 엘리자베트는 병이 나았고, 이제 좋은 렙쿠헨은 그녀의 이름으로 불리게 되었다.

엘리젠렙쿠헨으로 인정받으려면 밀가루 함량이 10퍼센트 이하이고 견과류가 적어도 25퍼센트 이상 들어가야 한다(많게는 45퍼센트까지 들어간다). 대개 아몬드와 레몬 껍질로 장식하며, 초기 프랑켄 수도사들이 비스킷이 오븐에 달라붙는 것을 막기 위해 사용했던 원형 성찬 전병 '오블라텐oblaten' 위에 올려 굽는다.

오늘날 뉘른베르크는 과거 역사의 모든 면을 받아들이고 있다. 나치 시대의 역사를 기록해둔 인상적인 박물관들도 있고, 또 비록 1945년 연합군의 폭격으로 '알트슈타트(Aldstadt, 구시가지)'가 심하게 파괴되었지만 목재 골조의 집들이 늘어선 골목들과 거대한 성을 포함한 중세 도시의 대부분이 공들여 재건되었다.

또한 뉘른베르크에서는 16세기에 시작된 세계에서 가장 오래된 크리스마스 마켓 중 하나인 크리스트킨들스마르크트 Christkindlesmarkt가 지금도 열린다. 11월 말부터 12월 24일까지 알트슈타트의 하우프트마르크트Hauptmarkt 광장은 활기찬 축제

의 장으로 바뀐다. 글뤼바인glühwein과 브라트부어스트bratwurst,
브라스 밴드와 청아한 목소리의 교회 성가대, 반짝이는 구슬로
장식된 트리들, 그리고 건과일 조각들로 만들어 옷까지 입힌 전
통 인형 '자두 인간'이 가득한 가판대들이 광장을 가득 메운다.
이제 뉘른베르크에서는 연간 7천만 개의 렙쿠헨을 생산하여 대
부분 수출하므로 우리는 언제 어디서나 그것을 먹을 수 있다.
그래도 크리스마스에 바로 이곳에서 렙쿠헨을 맛보는 것은 더
할 나위 없이 뜻 깊은 경험이 될 것이다.

장소	스페인 바스크(Basque) 지방
특징	훌륭한 바 음식과 최고급 요리의 고향에서 즐기는 다양한 맛

산세바스티안
SAN SEBASTIÁN

어느 것을 고를까? 오래된 도시의 밤, 활기 넘치고 북적거리는 가운데 비좁은 카운터로 비집고 들어가 작은 접시에 담긴 새우 꼬치나 야생 버섯 '크로케타스croquetas', 초리소와 치즈가 들어간 '몬타디토스(montaditos, 미니 샌드위치)'를 먹는 것? 아니면 예약이 필요한 테이블(가장 좋은 테이블 중 하나)에 앉아 돼지 피 마카롱, 플랑크톤이 들어간 쌀 요리, 얼어붙은 혀 위에 올린 '찬구로(txangurro, 거미게)'처럼 요리라기보다는 연금술에 가까운 음식을 경험하는 것? 혹은 둘 다? 산세바스티안에서는 불을 밝힌 바든 미슐랭 별을 받은 레스토랑이든 어느 쪽을 선택해도 좋다. 양쪽 다 음식을 빛나게 하는 마법을 부리므로….

1180년에 세워진 산세바스티안(바스크어로는 도노스티아 Donostia)은 음식에 관한 한 몇 가지 물리적 이점을 가지고 있다. 비스케이만Bay of Biscay 해안의 황금빛 작은 만에 멋들어지게 자리 잡은 이곳은 바로 앞이 해산물들 천지고, 뒤로는 질 좋은 농산물이 넘쳐나고 산맥과 이어지는 내륙 지역이 펼쳐져 있다. 그래서 이곳 음식에는 감칠맛이 풍부한 안초비, 고등어, 정어리, '코코차스 데 메를루사(kokotxas de merluza, 대구 턱살)', 또 아주 어린 새끼 양이나 아주 늙은 소의 고기인 '츌레타txuleta', 그리고 고소한 이디아사발Idiazabal 치즈, 검은 톨로사Tolosa콩, 매콤한 '긴디야guindilla' 고추, '샤파타xapata' 체리 등이 많이 들어가며, 모든 음식에는 '사가르도아(sagardoa, 사과주)'나 약간의 탄산이 있는 '차콜리txakoli' 와인을 곁들일 수 있다.

하지만 요리의 수준이 높아진 진짜 이유는 아마도 태도일 것이다. 이곳에는 전통과 원산지에 대한 진지한 존중은 물론, 새로운 것을 시도하려는 열정도 있다.

19세기 초, 재창조가 필요해졌다. 1813년, 반도 전쟁(Peninsular War, 스페인·포르투갈·영국이 나폴레옹의 침략을 저지하기 위해 프랑스와 벌인 전쟁─옮긴이) 중에 포위된 산세바스티안은 완전히 파괴되었다. 유일하게 살아남은 거리인 카예 31 데 아고스토Calle 31 de Agosto는 지금도 이 도시의 가장 활기찬 동맥과도

미식이 좋다 여행이 좋다

같다. 재건이 필요했던 도시는 이사벨 2세Isabel II 여왕의 관심 덕분에 새로운 정체성까지 갖게 되었다. 여왕은 1840년대부터 이곳에서 여름을 보내며 적당히 더운 날씨와 건강에 좋은 해수욕을 즐겼고, 그 결과 산세바스티안은 유행의 첨단을 걷는 휴양 도시가 되었다.

'파르테 비에하(Parte Vieja, 구시가지)'의 좁은 골목들은 오스망 양식(Haussmann style, 19세기에 파리 도시 구조의 기틀을 잡은 오스망 남작의 이름에서 따온 파리 특유의 건축 양식−옮긴이)의 거리로 변모해 벨 에포크 시대의 웅장함을 드러냈다. 귀스타브 에펠 Gustave Eiffel이 기차역 지붕을 디자인했으며 우아한 그랑 카지노 Gran Casino가 문을 열었다(지금의 시청 건물). 산세바스티안은 '작은 파리'라는 별명을 갖게 되었다.

하지만 이 도시 최초의 음식 혁명은 왕실 요리의 영역이 아니라 길거리에서 일어났다. 타파스tapas가 처음 시작된 곳은 스페인 남부였을지 몰라도, 그 아이디어가 발전한 곳은 바로 산세바스티안이다. 바스크식 타파스로 알려진 '핀초스Pinchos/Pintxos'는 작은 한입 크기의 맛있는 요리로, 음료와 함께 판매된다. 이 전통은 1940년대에 산세바스티안에서 시작되었다. 바에서 이쑤시개(핀초)에 꽂은 한입 크기 음식을 팔기 시작했는데, 이것은 바스크식 '치키테오(txikiteo, 술집 순례)'의 즐거움에 흠뻑 취

하기에 딱 알맞은 먹거리였다. 1946년, 지금도 건재한 카사 바예스Casa Vallés에 온 한 손님이 올리브, 안초비, 긴디야 고추 피클을 막대기에 꽂고는 거기에 리타 헤이워스(Rita Hayworth, 미국의 배우 겸 댄서–옮긴이)의 영화 제목을 딴 길다gilda라는 이름을 붙인 것이 핀초의 시초였다.

요즘에는 바스크 지역의 실험 정신 덕분에 산세바스티안의 핀초스는 혁신을 거듭하며 다양하고 창의적인 면모를 보여준다. 길다뿐만 아니라 불에 그을린 푸아그라, 게 타르틀레트, 오징어 먹물로 요리한 오징어, 참치 타코나 부드러운 소 볼살 등도 찾아볼 수 있다.

그러나 이러한 요리의 진화를 완전히 새로운 차원으로 이끈 사람은 후안 마리 아르삭Juan Mari Arzak이었다. 조부모님이 지은 선술집 위에서 자란 아르삭은 그 당시 대대로 물려받은 산세바스티안의 '하테치아(jatetxea, 식당)'를 3대째 운영하게 되었다. 하지만 1970년대에 그는 다른 스페인 요리사들과 함께 당시 급성장하고 있던 누벨 퀴진(nouvelle cuisine, 1970년대에 프랑스 고전 요리에 대한 반발로 등장한 요리법–옮긴이)을 배우러 프랑스로 떠났다. 영감을 받아 돌아온 그는 '누에바 코시나 바스카nueva cocina vasca', 즉 바스크 요리의 변화를 이끌었다. 혁신적이고, 보다 가볍고, 더 세련되었으면서도 항상 그 지역의 미식 유산에 기반을 두는 요리. 이것은 스페인 전체의 요리 판도를 바꾸어놓았고, 산세바스티안은 그 중심에 있었다.

아르삭(이제는 후안 마리의 딸 엘레나Elena가 이끄는)은 미슐랭 별 3개를 보유하고 있다. 이곳은 인구 대비 미슐랭 별이 세계에서 두 번째로 많은 산세바스티안의 수많은 레스토랑 중 하나다. 그리고 그 빛나는 명성이 온 도시에 스며들어, 어디서든 훌륭한 맛을 만날 수 있다. 심지어 이쑤시개 끝에 꽂혀 있는 음식이라도.

장소	스페인
특징	관광객을 현혹시키는 가짜 뒤에 숨은 진짜 파에야 찾기

발렌시아
VALENCIA

스페인 최고의 파에야paella는? 우리 엄마가 만든 것! 아니, 우리 아빠표 파에야가 최고야! 아니, 우리 엄마의 아빠의 엄마가 만든 게 제일 맛있어! 발렌시아 사람들에게 바로 이곳에서 처음 만들어진 그들의 국민 음식에 대해 물으면 이런 논쟁이 벌어질 것이다. 그들은 뭐니 뭐니 해도 일요일 오후에 온 가족과 식탁에 둘러앉아 팬 바닥에 눌어붙은, 바삭하게 캐러멜라이징된 쌀 '소카라트socarrat'를 마치 먹을 수 있는 금인 양 서로 먹겠다고 다투며 먹는 파에야가 최고라고 입을 모을 것이다.

대대로 전해 내려오는 레시피보다 더 좋은 것은 없다. 이 비옥하고 햇볕 듬뿍 내리쬐는 곳의 정기가 쌀 한 알 한 알에 깊이

스며 있을 테니….

발렌시아는 현재 스페인에서 세 번째로 큰 도시로, 기원전 138년에 로마인들에 의해 세워졌다. 하지만 음식 문화의 형성은 8세기 무어인들의 침입과 함께 이루어졌다. 이 동지중해 연안에 도착한 무어인들은 평평하고 비옥한 범람원들, 개울들, 석호들이 있는 땅을 발견했다. 그들은 그곳을 '작은 바다'라는 뜻의 알부페라L'Albufera라 불렀다. 그곳의 잠재력을 인식한 그들은 관개 수로(오늘날에도 사용되고 있는)를 놓아 그 야생 습지를 '라 우에르타la huerta', 즉 채소밭, 과수원, 대추야자 및 감귤나무 숲이 뒤섞인 곳으로 변화시켰다. 또 그들은 주식인 '알루즈(al-ruzz, 아랍어로 쌀을 뜻함─옮긴이)'를 심기 위해 넓은 논을 만들었다. 이 작물은 잘 자라서 1238년 무어인들이 결국 추방당했을 때도 쌀(아랍어의 영향을 받아 스페인어로는 '아로스arroz'이다)은 남게 되었다.

파에야는 확실히 라 우에르타에서 처음 시작되었다. 최초의 레시피는 17세기에 등장했는데, 그때는 그것이 농부들의 새참이었다. 농장 일꾼들은 점심시간이 되면 일손을 놓고 '캄포(campo. '밭', '들판'이라는 뜻─옮긴이)'에 모여 오렌지나무 가지에 붙인 불 위에다 함께 먹을 식사를 준비했다. 남자들은(파에야는 전통적으로 남자들이 만드는 요리이다) 주변에서 쉽게 구할 수 있는 것들을 재료로 사용했다. 쌀(가능하면 액체를 더 잘 흡수하는 입자가 둥근 것)과 토마토, '가로폰(garrofón, 통통한 흰 강낭콩)'과 '후디아 페라두라(judía ferradura, 납작한 껍질콩)', 살아 있는 세라노 달팽이(serrano snail, 이베리아 반도 남동부에서 발견되는 달팽이의 종류-옮긴이), 토끼나 오리(특별한 경우에는 닭) 고기, 로즈메리와 같은 허브들을 사용했고, 색상과 풍미를 더해주는 사프란도 있으면 넣었다.

알 덴테al dente로 익힌 이 모둠 요리는 전통적으로 '파에야(파에야를 만들 때 쓰는 밑이 납작하고 넓은 팬의 이름)'에서 바로 먹었다. 여러 사람을 먹일 수 있을 만큼 크고, 재료가 빨리 익을 수 있도록 납작한 이 팬은 완벽한 그릇이 되어주었다. 앞접시도 필요 없이 숟가락만 들고 그 푸짐한 음식을 퍼먹으면 되었다(파에야를 포크로 먹는 것은 적절치 못한 일이다).

따라서 정통 '파에야 발렌시아나paella valenciana'는 땅의 음식이다. 시간이 흘러 이 아이디어가 해안 지역으로 퍼져나가자 새우, 홍합, 오징어 등의 해산물이 들어간 '파에야 데 마리스코스paella de mariscos'도 생겨났다. 이 밖에도 오징어 먹물로 요리한 새까만 '아로스 네그로arroz negro'와 돼지고기, 돼지 피 소시지, 병아리콩과 함께 오븐에 구운 '아로스 알 오르노arroz al horno'처럼 발렌시아 지역에서 처음 만들어진 쌀 요리들이 많다. 하지만 파에야가 국보급 대우를 받게 되면서 여러 가지 혐오스러운 변형들이 생겨났다. 전국적으로 관광객들이 몰리는 곳에서는 냉동 완두콩, 브로콜리, 초리소, 심지어는 프랑크푸르트 소시지를 슬쩍 집어넣거나 해산물과 고기를 둘 다 넣기도 하며, 비싼 사프란 대신 저렴한 착색료를 넣어 은은한 황금빛 요리를 샛노란 색으로 만들어버린다.

다행히 우리에게는 '위키파에야Wikipaella'가 있다. 현지인들이 세운 이 단체는 발렌시아의 존경 받는 요리를 지키고, 지금도 이 특별한 요리의 정통 버전을 만들어 판매하는 곳들을 홍보한다. 위키파에야의 조언에 따르면, 발렌시아의 해변가에 있는 음식점들은 웬만하면 피하고 코무니다드 발렌시아나(Comunidad Valenciana, '발렌시아 자치주'라는 뜻─옮긴이)의 내륙 지역으로 들어가는 편이 좋다. 그다지 눈에 띄지 않는 마을이나 알부페라의 석호 가장자리에 있는 가족 운영 '아로세리아(arrocería, 쌀 요리 전문점)'들을 찾아가 보자. 오렌지나무로 불을 피우고, 토끼나 닭을 부지런히 굽고, '소프리토(sofrito, 토마토 소스)'의 깊은 맛을 살리고, 쌀이 마지막 한 방울의 맛까지 모두 흡수하도록 하는 곳들을 냄새로 찾아내자. 우리 엄마의 아빠의 할아버지가 만들었을 것 같은 파에야를 만드는 곳을 말이다.

장소 벨기에 베스트플란데런(West-Vlaanderen)주

특징 북해의 파도를 가르며 일하는, 전 세계에 마지막
남은 승마 어부들

오스트
덩케르케
OOSTDUINKERKE

육중하고 유순한 말이 끝없이 펼쳐진 모
래 위를 터벅터벅 걸어 청회색 파도 속
으로 들어간다. 몸통까지 물에 잠겨도,
말은 흔들림 없이 걷는다. 등에 탄 사람
이 파도와 말의 힘을 모두 느끼며 함께 움직이면, 밝은 색 방수
모[sou'wester]가 소금기 머금은 바람을 맞아 뒤로 젖혀진다. 그
들은 물길을 가르며 꾸준히, 신중하게 발밑의 모래를 밀고 나간
다. 갈매기들은 이 노란 옷을 입은 사람과 땅짐승이 바다로 터
덜터덜 나서는 모습을 무심하게 바라볼 뿐이다. 여기서는 수백
년 동안 이런 일이 계속되고 있다. 궁극의 슬로푸드….

5백 년 전에는 북해 해안가에서 이런 광경을 흔히 볼 수 있

미식이 좋다 여행이 좋다

었을 것이다. '파르덴비서(Paardenvisser, 승마 어부)'들은 한때 프랑스에서 독일까지 평탄하거나 경사진 해안을 돌아다니며 작업했다. 그들은 대부분 농부였는데 부가 수입을 얻기 위해 힘센 말들을 데려다 새우를 잡았고, 잡은 새우는 자기 수레에서 직접 팔았다. 이에 관한 전문적인 지식은 아버지로부터 아들에게로 전수되었다. 그러나 20세기 중반부터는 해안이 개발되어 농장들이 더 내륙 쪽으로 밀려나고 상업용 배들이 새우 거래를 장악하게 되었다. 이제 벨기에의 오스트덩케르케 마을이 파르덴비서들의 마지막 보루이다. 오스트덩케르케Oostduinkerke는 덩케르크Dunkirk에서 동쪽으로 30킬로미터 떨어져 있다.

넓은 백사장이 동명의 프랑스 도시까지 뻗어 있으며, 그 뒤로 솟아 있는 말편자 모양의 모래 언덕에서는 마람풀marram grass과 산자나무sea buckthorn, 뿔종다리crested lark 등을 볼 수 있다. 조용하고 느긋한 분위기 덕분에 여름이면 가족 단위 여행객들이 찾아오는 이곳에서, 일부 열정적인 현지인들은 새우잡이 전통을 지켜가고 있다.

그들이 잡는 것은 '곰새우[crangon crangon]'라고 하는 '크레베트 그리즈(crevettes grises, 작은 회색 새우)'이다. 북해에서 잡히는 이 새우는 벨기에 전역의 여러 가지 요리에서 발견된다. 걸쭉한 소스를 입혀 튀긴 '새우 크로켓croquettes aux crevettes', 마요

네즈와 섞어서 요리한 '토마트 오 크레베트tomates aux crevettes' 등이 있으며, 그냥 삶아서 버터 바른 빵 위에 올려 진한 벨기에 맥주와 함께 먹기도 한다. 오늘날 새우잡이는 대부분 저인망 어선으로 훑는 방식이지만 소수의 파르덴비서들은 전통을 끈질기게 고수한다. 그들의 오래된 관행은 해저에 해를 훨씬 덜 끼치며, 그렇게 잡힌 새우는 왠지 더 깨끗하고 아주 신선하다. 노력과 사랑이 한 입 한 입에 스며들기 때문일까.

수 세기가 지났지만 그들의 방식은 크게 변하지 않았다. 긴 고무 부츠와 방수복 차림의 어부들은 그들의 말, 특히 힘이 세기로 유명한 벨기에의 브라반트Brabant 말을 타고 나간다. 중요한 것은 사람과 말 사이의 상호 신뢰이다. 말은 깔때기 모양의 커다란 그물이 달린 체인을 끈다. 그 체인이 일으키는 진동에 새우는 튀어 올랐다가 곧장 그물 속으로 들어가게 된다.

파르덴비서들은 썰물 때에 몇 시간 동안 이리저리 바닥을 훑고 다니다가 중간중간 해변으로 돌아와 말 옆구리에 매달린 바구니에 그물을 비운다. 잡은 것 중에 게, 해파리나 불필요한 물고기들은 다시 바다에 놓아주고 다 자란 새우만 체로 걸러낸다. 마지막으로, 새우를 씻고 삶아서 껍질을 벗긴다. 파르덴비서들은 새우잡이뿐만 아니라 조수와 해류, 그물 짜기, 승마 및 요리에 대해서도 전문가여야 한다.

2013년, 오스트덩케르케의 승마 새우잡이는 유네스코 인류 무형문화유산 목록에 등재되었다. 이는 그 전통을 후대를 위해 보존하는 역할을 함과 동시에 한 가지 엄청난 변화를 일으켰다. 승마 어부 협회Orde van de Paardenvisser 및 기타 기관들이 처음으로 여성들도 이 직업을 가질 수 있도록 허용한 것이다.

오스트덩케르케의 새우잡이 철은 3월부터 11월까지다. 이 기간 동안에는 파르덴비서들이 파도를 가르며 오가는 모습을 볼 수 있으며, 비단 같은 모래 위에 솟아 있는 그들의 기념 동상도 분명 보게 될 것이다. 여름에는 새우잡이 어부들이 공개 시연을 하고, 6월에는 오스트덩케르케의 가장 활기찬 행사인 새우 축제가 이틀간 열린다. 또한 19세기 어부의 오두막집에 자리 잡은 국립 어업 박물관, 나비고Navigo도 방문해볼 만하다. 그 안에 있는, 승마 어부와 그의 아내가 운영하는 소박한 카페에서 하우스 페르데비셔Peerdevisscher 맥주와 새우 크로켓을 주문하면 수백 년 전으로 돌아간 듯한 맛을 느낄 수 있을 것이다.

장소	덴마크 셸란(Sjaelland)섬
특징	뉴 노르딕 퀴진의 수도에서 경험하는 놀라운 맛

코펜하겐
KØBENHAVN/
COPENHAGEN

음식인가, 아니면 새로운 사고방식인가? 테이블에 놓이는 창작물들은 숭고한 것에서부터 기발한 것, 이상한 것, 심지어는 먹을 수 없는 것처럼 생긴 것까지 다양하다.

자작나무 수액으로 양조한 맥주, 버섯과 이끼로 이루어진 요정의 정원, 버섯 차에 떠다니는 구운 유럽산 가자미, 눈처럼 쌓인 겨자무[horseradish] 위에 올린 맛조개들, 튀긴 생선으로 속을 채운 크리스마스 도넛, 곰팡이로 뒤덮인 아스파라거스, 순록의 생식기와 뇌, 후추처럼 뿌려진 살아 있는 개미, 살아서 헤엄치는 피오르fjord 새우 등. 혼란스럽고, 갈피를 잡을 수 없고, 도전적이면서도 환상적이다. 한 지역 전체를 변화시킨 음식 문화

의 자극제….

역사적으로 덴마크의 식단은 꽤 단순했다. 산업 혁명 이전에는 이곳 사람들 대부분이 땅에서 재배하고, 기르고, 잡거나 구할 수 있는 것에 의지해 살아갔다. 주식은 뿌리채소와 배추속 식물들[brassicas]이었고 나중에는 감자, 어두운 색의 통호밀빵과 기장, 보리, 귀리 등으로 만든 죽, 숲에서 나는 과일과 베리류, 고기 약간, 그리고 많은 생선이 포함되었다(덴마크의 해안선은 7천 킬로미터에 달하므로). 식단은 계절에 맞게 조절되었으며 겨울이 길어서 염장, 훈연, 절임과 같은 기술이 발달했다.

다시 오늘날로 빨리 감기를 해보면 여러모로 볼 때 변한 건 아무것도 없지만, 동시에 모든 것이 변했다. 덴마크 음식 혁명의 허브는 이 나라의 활기찬 수도, 코펜하겐이다. 외레순Øresund 해협 끄트머리에 자리 잡은 평범한 작은 마을이던 이곳은 12세기부터 요새로, 청어 낚시의 중심지로, 왕궁 소재지로, 무역 중심지로 유명해졌다. 최근에는 다채롭고, 깨끗하고, 스타일리시하고, 지속 가능성에 초점을 두고, 부러울 정도로 멋진, 세계에서 가장 살기 좋은 도시 중 하나가 되었다.

그러나 20세기 말까지만 해도 코펜하겐이 음식으로 유명한 곳은 아니었다. 당시 이곳에는 요리법에 관한 한 실질적인 정체성이 없었다. 이곳에서의 식사는 전통적이긴 하나 그다지 특별할 것은 없었다. 바싹 구운 돼지고기와 파슬리 소스, 팬에 구운 '프리카델러(frikadeller, 돼지고기 미트볼)'가 레스토랑의 단골 메뉴였다(덴마크인들은 돼지고기를 좋아한다). 좀 고급스럽다 싶은 곳들은 프랑스식 요리를 선보였다. 오히려 흥미로웠던 것은 덜 형식적인 가게들이었다. 그릴에 구운 두툼한 소시지에 달콤한 머스터드, 바삭한 양파, 오이 피클과 커리향 레물라드(re-moulade, 주로 마요네즈를 기본으로 하는 소스로 타르타르소스와 비슷하다-옮긴이)를 듬뿍 올려주는 길가의 '푈세보근(pølsevogn, 핫도그 가판대)'들. 또 덴마크의 대표적인 오픈 샌드위치 '스뫼레브뢰smørrebrød'를 만드는 카페들(반듯한 직사각형으로 자른 얇은 호밀빵 위에 절인 청어부터 비프 타르타르, 송아지 혀, 삶은 달걀, 감자 샐러드, 훈제 장어까지 온갖 토핑을 올려 담아낸다).

그리고 2004년이 되었다. 그 해, 덴마크의 식문화 활동가이자 요리사 겸 사업가인 클라우스 마이어Claus Meyer를 중심으로 그 지역 출신 셰프 12명은 '데 니에 노르디스케 쾨켄(Det Nye Nordiske Køkken, 뉴 노르딕 퀴진)'에 대해 논의하고 선언문을 작성하기 위해 코펜하겐에 모였다. 이는 북유럽 국가들의 요리를 새로운 시각으로 바라보자는 것이었다. 덴마크, 핀란드, 아이슬란드, 노르웨이, 스웨덴으로 이루어진 노르딕 국가들을 세계 최고의 미식 허브 중 하나로 변화시키자는, 원대하지만 훌륭한 목

미식이 좋다 여행이 좋다

표를 가진 선언이었다.

그 선언문은 10가지 요점을 담고 있다. 그 내용은 다음과 같다. 새로운 노르딕 음식은 순수함, 신선함, 단순함과 그 지역의 윤리를 표현해야 한다. 계절의 변화와 지역적 풍경을 반영해야 한다. 노르딕 생산물과 생산자들, 요리 전통을 장려하는 동시에 전통 음식의 응용법을 개발하고 해외의 최고 아이디어들과 결합해야 한다. 좋은 맛을 내기 위해 노력할 뿐만 아니라 건강과 웰빙, 동물 복지와 환경의 지속 가능성에 대한 의식을 가져야 한다.

이것은 고급 레스토랑에만 국한된 혁명이 아니라 모든 농부, 어부, 치즈 제조업자, 소매상, 도매상, 커피 가는 사람, 각 가정의 요리사들을 자극하려는 호소였다. 사람들의 사고방식을 바꾸고 북유럽 음식 문화 개선의 이점을 찬양하기 위한 것이었다.

뉴 노르딕의 정점은 2003년 클라우스 마이어와 셰프 르네 레드제피René Redzepi가 세운 그 유명한 코펜하겐의 노마Noma이다. '세계 최고의 레스토랑'이라는 타이틀을 자주 거머쥔 노마('노르딕nordisk'과 '음식mad'의 줄임말)는 뉴 노르딕 퀴진 운동의 가장 눈길을 끄는 극단적 사례이다. 과학적 실험과 제약 없는 창의성을 통해 도시 근처에 있는 것들로부터 이제껏 인식되지 않은 완전한 맛의 가능성을 뽑아내는 데 전념하고 있다. 건초 위에 놓인 훈제 당근, 몇 시간 동안 캐러멜라이징한 셀러리악cele-riac을 샤와르마(shawarma, 고기를 회전하는 꼬치에 끼워 익히는 아랍 지역의 요리─옮긴이)로 만든 것, 게 모양으로 잘라서 튀긴 플랫브레드 속에 부드러운 게살을 넣은 요리 등.

그러나 뉴 노르딕은 본질적으로 특정 소수만을 위한 요리가 아니다. 그리고 점점 더 주목받고 있다. 노마는 2024년에 문을 닫지만, 20년 동안 덴마크 요리에 정체성을 부여하고 코펜하겐의 음식 문화를 되살려준 부적과 같았던 노마의 영향력은 계속 남아 있을 것이다. 이에 영감을 받은 다른 레스토랑들이 더 나은 요리를 선보이게 된 덕분에, 이제 이 도시는 그 지역 최상의 맛을 제공하는 데 중점을 두는 메뉴들로 가득하며 지역 재료와 아이디어가 만나 빛을 발하는 곳으로 발돋움했다.

또 소규모 생산자들도 그들이 대대로 생산해온 과일과 곡물, 유기농 치즈, 지속 가능한 방식으로 양식한 굴이나 바닷가에서 채집한 해초 등이 시장에서 팔리기 시작하자 힘을 얻고 있다. 2005년 설립된 덴마크 크래프트 맥주 업계의 선구자 미켈러Mikkeller와 같은 혁신적인 신예들이 1847년 코펜하겐에서 양조를 시작한 덴마크 양조업계의 골리앗, 칼스버그Carlsberg에 대적하고 있는 것도 고무적이다.

뉴 노르딕은 코펜하겐의 식문화를 완전히 뒤집어놓았다. 미식의 황무지였던 이곳이 이제는 노마의 뒤를 따라 미슐랭 별을 받은 곳에서부터 선반에 산자나무를 쌓아놓은 모퉁이 식당에 이르기까지, 세계에서 가장 맛있는 도시 중 하나로 인정받고 있다.

이곳의 음식은 대담하고 혁신적이지만, 눈길을 끄는 온갖 기이함에도 불구하고 신선하고 단순하다. 그 지역의 제철 음식을 먹고 채집하고 보존하는 덴마크의 오래된 원칙을 상기시키지만, 그 관점만은 새롭다. 근본을 지키며 만든 미래 지향적 음식이라고나 할까.

장소	영국 켄트(Kent)주
특징	이 오래된 어촌의 과거와 현재를 빚어낸 최상의 굴 맛보기

위츠터블
WHITSTABLE

딸깍딸깍, 흐읍, 후루룩, 깍깍. 이것은 위츠터블Whitstable의 사운드트랙이다. 파도가 해변의 자갈을 훑고 지나가는 소리. 갈매기들이 하늘에서 소란을 피우는 소리. 그리고 마을 사람이 위장을 채우는 소리들, 즉 칼을 비틀어 석회질 껍데기 까는 소리, 끈적끈적한 살과 소금기 섞인 물을 후루룩 들이켜는 소리. 오랜 세월 동안 이어져온 마을의 맛이 들린다….

과수원과 홉 밭이 많은 켄트는 '영국의 정원'으로 알려져 있다. 하지만 이곳의 대표적인 음식 중 하나인 '위츠터블 네이티브Whitstable native' 굴은 이 동남부 주의 해안선에서 생산된다.

지리적 표시 보호 인증을 받은 위츠터블 네이티브 굴은 스웨

일강Swale River의 민물이 바닷물 섞인 템스 강어귀Thames Estuary와 만나는 위츠터블만Whitstable Bay에서 잡히는 굴이다. 이곳은 수심이 얕고 영양이 풍부해 최상의 조개류가 자라기에 완벽한 곳이다. 납작하고 둥근 이 굴은 은은한 분홍빛 회색을 띠며 양쪽 껍데기가 이어지는 부분 측면에 독특한 엄지 모양이 있다. 팔 수 있을 정도로 자라는 데 5년이나 걸리지만, 입안에서 녹아내리는 살의 크리미한 부드러움과 끝에 남는 미네랄 향을 얻으려면 꼭 필요한 시간이다. 이 굴을 생으로 그냥 먹으면 바다에 처음 들어간 순간을 다시 경험할 수 있다고들 한다.

이 쌍각 연체동물의 품질은 이미 수천 년 전에 인정받았다. 켄트 지방의 전설에 따르면 기원전 55년 율리우스 카이사르Julius Caesar가 영국을 침략한 것도 이 질 좋은 굴 때문이었다고 하며, 고대 역사가 살루스티우스Sallustius는 "가난한 영국인들에게도 좋은 점이 있으니, 바로 굴을 생산한다는 것이다"라고 쓴 바 있다. 로마인들은 위츠터블에서 굴을 양식하고 심지어 이탈리아로 보내기도 했다. 콜로세움에서 발견된 껍데기들이 이 마을에서 온 것으로 확인되었다.

그 후 수세기에 걸쳐 위츠터블은 어업 중심지로 발전하여 마을의 수입이 바다와 연결되었다. 1793년에는 지역 주민들이 굴 양식권을 사들이고 법령에 의거해 유럽에서 가장 오래된 회

사 중 하나인 '자유 어부와 채취선 회사Company of Free Fishers and Dredgers'가 설립됨으로써 산업이 더욱 규제되기 시작했다. 무역이 호황을 맞이하면서 마을은 번창했다. 해변과 항구는 어부들과 어선들로 가득했을 것이다. 1830년, 아주 초기의 기차 노선 중 하나인 캔터베리 위츠터블 철도Canterbury and Whitstable Railway가 개통되어 농수산물의 이동이 편리해졌고, 1850년대에는 해마다 8천만 개에 달하는 굴이 런던의 빌링스게이트 수산시장Billingsgate Fish Market으로 보내졌다. 지금이야 굴이 값비싼 진미로 대접받지만, 그때는 싸고 흔한 노동자 계층의 음식이었다.

20세기 중반 즈음에는 남획, 사기꾼들, 저렴한 수입품, 혹독한 겨울과 두 차례의 세계 대전이 입힌 피해로 인해 위츠터블의 무역은 쇠퇴의 길을 걸었다. 굴의 인기는 떨어졌고 값은 훨씬 비싸졌다. 1978년경 위츠터블 굴 회사Whitstable Oyster Company의 굴 판매량은 주당 몇 십 개밖에 되지 않았고 마을은 곤경에 처했다.

그러나 사람들의 취향은 다시 변했다. 혁신과 젠트리피케이션(gentrification, 빈민가의 고급 주택지화—옮긴이) 덕분에 굴 산업과 위츠터블 자체가 되살아났다. 이제 이곳은 멋진 장소이자, 맛있는 음식을 먹을 수 있는 곳이다. 역사적인 로열 네이티브 오이스터 스토어Royal Native Oyster Stores는 말쑥한 해산물 식당으

로 탈바꿈했다. 매년 7월 성 야고보(굴의 수호성인) 축일 즈음에 열리는 굴 축제에는 수천 명이 다녀간다. 한때 쇠락했던 해안가는 이제 해산물집, 예술가들의 작업장, 근사한 단기 임대 시설들로 가득하다. 18세기에 번화했던 거리와 골목에는 식료품점, 비스트로, 부티크 등이 늘어서 있다. 버려진 낡은 철로는 '크랩 앤 윙클 웨이Crab and Winkle Way'라는 자전거 도로로 재탄생되었다.

위츠터블의 굴은 여전히 맛있다. 네이티브 굴은 9월부터 4월까지가 제철이며(석화rock oyster는 일 년 내내 구할 수 있다) 마을 전역의 가판대와 고급 레스토랑에서 맛볼 수 있다. 짧은 날이 달린 칼과 교묘한 손목 놀림으로 굴을 까는 전문가들을 찾아보자. 그들은 굴 살을 손상시키거나 안에 고인 물을 쏟는 일 없이 껍데기를 깔 수 있는 프로들이다. 생굴에 레몬을 살짝 짜거나 타바스코를 한 방울 뿌려서, 또는 다진 샬롯, 후추, 식초를 섞은 전통 미뇨네트mignonette 소스를 곁들여 먹어보자. 바다의 온전한 맛과 향을 음미하고 싶다면, 다 빼고 굴만 먹어도 좋다.

장소	폴란드
특징	도시의 상징이 된 빵

크라쿠프
KRAKÓW

비결은 카트들이 나오는 시간에 맞춰 일찍 일어나는 것이다. 그 작고 파란 카트들은 꼭대기에 성이 있는 바벨 언덕Wawel Hill 밑에서부터 중세의 시장 광장Market Square과 유대인 지구인 카지미에시Kazimierz까지, 크라쿠프Kraków 구시가지 구석구석에 보초를 서듯 자리 잡고 있다. 그리고 그 카트들은 둥그스름하고 노릇노릇한 빵들로 가득하다. 껍질이 바삭한 이 링 모양 빵은 매일 새로 구워지며, 몇 시간만 지나도 맛이 변하므로 따뜻하고 부드러울 때 먹어야 한다. 비록 빵 자체는 오래 가지 않지만 그 레시피만큼은 수백 년 동안 이어져 내려왔다….

폴란드 제2의 도시인 크라쿠프는 옛 수도이자 예술의 중심지인 국가의 보물과 같은 도시다. 여러 다른 나라의 주요 도시들과는 다르게 제2차 세계 대전의 피해를 비껴간 덕분에 로마네스크, 고딕, 르네상스, 바로크, 아르누보 양식의 건축물들이 거의 손상되지 않은 모습으로 남아 있다. 1978년에는 이곳의 역사적 중심지가 최초의 유네스코 세계문화유산에 등재되기도 했다. 하지만 이 대단한 도시에서 가장 오랫동안 사랑 받아온 상징 중에는 화려함과는 거리가 먼, 아주 소박한 빵이 하나 있다.

'오바르자넥 크라코프스키obwarzanek krakowski'는 크라쿠프의 베이글 또는 프레첼이라 할 수 있다(비록 둘 중 어느 것과도 완전히 같지는 않지만). 이 빵을 만들려면 우선 효모를 넣은 밀가루 반죽 두세 가닥을 나선형으로 꼬아 붙여 가운데에 구멍이 뚫린 원형이나 타원형으로 만든다. 그런 다음 이 링 모양 반죽을 데치는데, 바로 여기에서 이 빵의 이름이 유래되었다('오바르자츠obwarzać'는 김이 모락모락 나는 물에 담근다는 뜻). 마지막으로 양귀비씨, 참깨, 허브, 향신료, 양파, 치즈나 소금(고대 비엘리치카Wieliczka와 같은 인근의 소금 광산에서 생산된)을 뿌려 굽는다. 완성된 빵은 살짝 윤기가 흐르고 만지면 단단하다. 속이 꽉 찬 느낌과 부드러움, 쫄깃함이 함께 느껴지며 약간 달콤한 맛이 난다.

오바르자넥의 첫 기록은 1394년의 왕실 문서에서 찾아볼 수

있다. 14세기에 폴란드 이주를 권유받은 독일 장인들이 가져온 프레첼에서 진화했다는 설이 있다.

기도하는 손 모양을 본 따 만들어진 프레첼과 마찬가지로 오바르자넥은 본래 사순절과 연관된다. 실제로, 1384년 폴란드 왕국의 첫 여성 군주가 된 신앙심 깊은 야드비가 여왕Queen Jadwiga이 40일간의 종교적 단식 기간 동안 재료가 풍부하게 들어간 화려한 빵과 케이크를 피하고 오바르자넥을 먹겠다고 했을 때 이 빵의 인기는 상승했다. 지방이나 설탕이 전혀 들어 있지 않은 이 빵은 금욕적인 선택으로 간주되었다. 하지만 당시에는 값이 비쌌던 밀로 만들어졌기 때문에 여전히 여왕과 귀족들의 전유물이었다. 대부분의 폴란드인들은 빵을 구경도 못하거나, 기껏해야 거친 호밀빵을 먹는 정도였다.

그 전에도 폴란드 왕족들은 크라쿠프의 제빵사들을 높이 평가했다. 도시 제빵사 길드의 구성원들은 빵 노점을 열거나 임대료를 벌고, 원하는 밀가루 제분소를 선택할 수 있는 권리를 비롯한 많은 특권을 누렸다.

15세기 후반, 올브라흐트 왕King Olbracht은 이 도시 밖에서는 누구도 오바르자넥이나 다른 흰 빵을 구워서는 안 된다고 선포했다. 그 이후 길드는 크라쿠프의 어느 제빵사가 오바르자넥을 팔 수 있는지 결정하는 권한을 부여받았다. 노점들은 오전 6시

에 문을 열었고, 매일 관리자들의 품질 점검을 통해 잘못된 점이 있으면 엄한 처벌을 받았다.

오늘날 크라쿠프에서 오바르자넥은 누구나 사먹을 수 있고 어디서나 볼 수 있는 빵이다. 그러나 이 저렴한 길거리 음식은 수세기의 경험과 전통의 산물이다. 직접 굽는 체험을 해볼 수 있는 오바르자넥 박물관도 있다.

오바르자넥 크라코프스키의 유산과 지위를 보호하기 위해 2010년에는 지리적 표시 보호 인증을 받았다. 크라쿠프나 그 주변 지역에서 만들고 구워져야 진짜로 인정받을 수 있다. 지름 12~17센티미터, 무게 80~120그램이라는 엄격한 치수를 준수 해야 하며, 항상 링 모양으로 땋아야 한다. 또 기계가 아닌 손으로 만들어야 하는데, 바로 이런 이유로 매일 크라쿠프에서 판매 되는 15만 개의 오바르자넥 하나하나가 미묘하게 다른 모양과 독특한 개성을 갖게 되는 것이다.

| 장소 | 조지아 캅카스(Kavkaz) |
| 특징 | 국민 음식의 탄생지일지도 모르는 험준한 산으로의 여행 |

투세티
TUSHETI

러시아 시인 알렉산드르 푸시킨Alexandr Pushkin에 따르면, "조지아의 모든 음식은 한 편의 시와 같다". 이곳은 음식이 단순한 양식이 아니라 이야기인 나라다. 각각의 요리법에는 맛, 예술성, 감성과 수세기에 걸친 문화적 교류가 담겨 있다. 유럽과 아시아의 경계에 있는 이 나라는 항상 양쪽의 교차점에서 수천 년간의 침략, 식민지화, 무역의 영향을 흡수하고 그에 적응해왔다. 따라서 '조지아의 특산물'은 수세기에 걸친 교류가 만들어낸 결과일 수밖에⋯.

'힌칼리khinkali'의 경우가 그렇다. 이 거대한 만두(배배 꼰 꼭지 모양 반죽은 주먹 크기만 하며 향신료가 들어간 육즙으로 가득 차 있다)는 조지아의 국민 음식 중 하나로 여겨진다. 애국적 전설에 따르면 힌칼리는 수도 트빌리시Tbilisi에서 북쪽으로 2백 킬로미터 떨어진 곳, 러시아 국경과 맞닿아 있는 대코카서스 산맥Greater Caucasus의 길들여지지 않은 야생의 땅, 조지아 최후의 개척지인 투세티Tusheti에서 만들어졌다고 한다.

이곳의 봉우리들은 4,500미터에 달하며 겨울철에는 기온이 영하로 떨어진다. 주민들은 주로 양치는 일에 종사하며, 육즙 가득한 만두(위장과 영혼을 모두 채워주는 지방과 단백질 주머니)는 이상적인 소울푸드이다.

하지만 아마도 힌칼리는 그 산맥 너머에서 시작되었을 것이다. 찐만두는 중국 남서부에서 처음 등장했다. 칭기즈 칸Chingiz Khan의 약탈자 무리들이 중국의 '자오즈(교자饺子)'를 몽골 제국 구석구석에 퍼뜨렸고, 이로부터 러시아의 '펠메니pelmeni'나 한국의 만두와 같은 새로운 변형들이 생겨났다.

그래도 힌칼리는 이제 조지아의 주식이며, 그 중에서도 투세티의 힌칼리가 최고로 여겨진다. 이곳의 만두들은 반죽이 유독 두껍고 뻣뻣하며, 소는 단순하다. 다진 양고기나 소고기, 캐러웨이(caraway, 특유의 단맛과 약간의 신맛이 있는 허브의 일종이다.-옮긴이)나 기타 허브들로 만든다. 투세티에서는 힌칼리에 돼지고기를 절대 넣지 않는데, 돼지고기가 불행을 가져온다고 여겨

져 금기시되기 때문이다. 손으로 하나하나 만들어지며, 향신료가 든 넉넉한 양의 고기 소를 반죽으로 솜씨 좋게 감싸 빚은 뒤 꼭 눌러 붙인다. 태양을 본떠 빚은 둥근 형태는 이 지역의 독특한 종교적 규범을 이루는 애니미즘, 이교도 신앙 및 기독교 신앙의 혼재를 의미한다.

다 빚은 힌칼리는 삶아서 곧바로 담아낸다. 그리고 이것을 먹는 요령은 따로 있다. 우선, 위의 꼭지를 잡는다. 그런 다음 피를 아주 조금만 베어 물어 구멍을 뚫은 뒤 김이 나는 짭짤한 액체를 빨아먹는다. 그러고 나서 남은 부분을 먹고 꼭지는 접시 위에 남겨둔다. 꼭지 부분을 먹어도 되지만, 그보다 더 맛있는 만두들이 많은데 굳이 그것으로 위장을 채울 필요는 없을 것이다. 또 많이 먹는 것은 명예로운 일이라서 꼭지를 남겨두면 먹은 개수를 셀 때도 좋다. 앉은 자리에서 열 개 이상은 해치워야 남자답다고 여겨진다. 그리고 여성의 경우에는 만두 빚기의 기술을 익히면(반죽을 아코디언 모양으로 완벽하게 접으면) 결혼할 준비가 다 되었다고들 한다.

투세티에 가는 것은 쉽지 않다. 이 미개척지로 들어가는 유일한 길은 2,900미터 높이에 있는 위험한 비포장도로인 아바노 패스(Abano Pass, 조지아에 있는 산길−옮긴이)뿐이다. 보통 6월부터 10월 초까지 몇 달 동안만 개방된다. 48개의 외딴 마을에 흩

어져 사는 약 2천 명의 투세티 주민들조차 겨울에는 대부분 이곳에 머물지 않는다. 그들은 눈이 녹아 없어지면 동물들을 고지대로 데려가 방목하고, 여름이 끝날 때쯤에는 아래쪽 목초지로 데리고 내려간다.

만두 한 접시 때문에 감행하기에는 분명 길고 고된 여정이다. 하지만 다행히 산속이 아닌 트빌리시의 번화가에서도 힌칼리를 만날 수 있다. 여기서는 소고기와 돼지고기, 치즈, 채소나 버섯, 그리고 다양한 향신료를 넣은 힌칼리가 흔하다. 잘 어울리는 반주는 맥주나 보드카, 아니면 둘 다이다.

그러나 조지아 식사의 극치는 바로 수프라supra이다. 수프라라는 이름은 이 전통 만찬이 차려지는 식탁보(수프라)의 이름에서 따온 것이다. 채소 샐러드에서부터 바비큐, '하차푸리(khachapuri, 치즈빵)', 그리고 물론 힌칼리까지 많고도 많은 음식들이 차려지며, 현지 와인이 담긴 잔들이 수도 없이 건배를 하며 그 모든 음식들을 씻어 내린다. 푸시킨이 보았다면 접시 위에 시집 한 권이 통째로 담겨 있다고 했을지도.

장소	이스라엘
특징	열띤 원조 논쟁의 주인공인 후무스

텔아비브
TEL AVIV

'키케르 아리에티눔Cicer arietinum'. 하찮은 병아리콩. 저렴한 콩, 건강식품, 이른바 최음제. 병아리콩은 인류가 최소 1만 년 동안 소비해온, 역사상 최초로 재배된 콩과 식물 중 하나다. 그런데 어느 시점엔가 이것은 흙냄새와 강한 풍미, 크리미한 부드러움의 극치인 후무스hummus로 변신했다. 이 맛있는 소스가 언제, 어디서 유래되었는지는 아무도 모른다. 안 그래도 논쟁거리가 많은 이 지역에서 그에 관한 열띤 갑론을박이 계속되고 있다.

국제적인 도시 텔아비브Tel Aviv는 중동의 요리 수도 자리를 놓고 다투는 쟁쟁한 경쟁자 중 하나다. 지중해의 산들바람과 향

락적 분위기가 가득한 이 해안 도시에서는 세계적인 고급 요리, 입맛 돋우는 길거리 음식과 활기찬 비건 문화를 만날 수 있으며, 병아리콩에 대한 한없는 사랑도 빼놓을 수 없다.

후무스는 텔아비브에서 만들어진 것이 아니다. 어떤 사람들은 이 딥 소스가 성경에 언급되어 있다고 하고, 일부 요리책들에는 중세 시대에 이집트와 레반트(Levant, 그리스와 이집트 사이의 동지중해 연안 지역을 일컬음－옮긴이) 전역에서 그와 비슷한 음식을 먹었던 것 같다고 적혀 있다.

후무스는 분명 1948년 이스라엘이 건국되기 전부터 있었다. 처음 만들어진 곳은 이스라엘이 아닐지 몰라도, 이 나라의 후무스에 대한 열정만큼은 타의 추종을 불허한다. 중동의 많은 지역에서는 후무스를 곁들임 요리로 여기는 반면에 이스라엘에서는 종종 메인 요리로 내세운다. 인당 후무스 소비량도 1년에 10킬로그램으로 세계에서 가장 많다. 이 정도면 비공식적인 국민 음식이라 할 수 있다.

'후무스'는 아랍어로 '병아리콩'을 뜻한다. 이 딥 소스는 더 정확하게는 '후무스 비타히나hummus bi'tahina', 즉 타히니(tahini, 참깨 페이스트)를 섞은 병아리콩이라 불린다. 기본적으로는 병아리콩, 타히니, 레몬즙, 마늘이 들어가는 아주 간단한 레시피이다.

이 요소들을 섞는 방식과 함께 제공되는 음식에 따라 다양성은 무궁무진하다. 병아리콩은 손으로 으깼나, 아니면 기계로 갈았나? 구운 마늘과 생마늘 중 어느 것을 썼나? 농도는 묽어서 흐를 정도인가, 크림 같은가, 아니면 파테처럼 아주 걸쭉한가? 올리브오일이나 양파, 커민, 수마크(sumac, 옻나무과 식물 열매를 간 분말로 새콤한 맛이 나는 향신료−옮긴이), 또는 파프리카를 뿌렸나? '풀(ful, 누에콩)', '베이차(beitza, 달걀)', 말린 소시지, 피타 혹은 피클 중 어느 것에 곁들이나? 세부적인 사항과는 관계없이, 후무스는 저렴한 코셔(kosher, 유대교 율법에 따라 식재료를 선정하고 조리한 음식−옮긴이)이며 맛과 영양을 고루 갖추었다. 칼륨과 아연 같은 미네랄도 풍부해 에너지와 성 기능을 증진시킨다고도 한다.

텔아비브의 후무스 중심지는 세계에서 가장 오래된 고대 항구 중 하나인 야파Jaffa이다. 이제는 이스라엘 수도 텔아비브와 병합된 야파의 미로 같은 좁고 무너져가는 골목들이 현대식 고층 빌딩의 그늘과 이어지는 모습은 마치 서로 다른 두 세상이 맞닿아 있는 것 같다. 이곳 인구의 약 3분의 1은 아랍인이며 최고의 '후무시아hummusia', 즉 후무스를 전문으로 하는 간이식당들이 많다. 이 식당들은 아침 일찍 문을 열고 그날 준비한 양이 다 팔리면 문을 닫는다. 가장 잘 나가는 곳들은 점심도 되기 전

에 재료가 동이 난다.

그 중에서도 최고라 소문난 곳은 하돌핀Ha'Dolphin 거리에 있는 '아부 하산Abu Hassan'이다. 문 앞에서부터 무질서하게 구불구불 이어진 줄, 가게 앞 길가에서 포장 용기에 든 후무스를 걸신들린 듯 먹는 사람들을 보면 어느 집인지 금방 찾을 수 있을 것이다.

팔레스타인 사업가 알리 카라완(Ali Karawan, 일명 아부 하산)은 1950년대에 아내가 집에서 만든 후무스를 손수레에 싣고 다니며 팔기 시작했고, 이제는 그의 아들이 겨우 비집고 들어가야 할 만큼 비좁고 시끄러운 가게를 운영하며 인종, 계급, 종교를 막론하고 군침을 흘리는 손님들을 맞이하고 있다. 이곳에서라면 잠시나마 국적이나 정치 관련 문제들을 잊어버릴 수 있을지도 모른다. 각 그릇에 담긴 맛의 조화들이 적대감마저 사라지게 하니까. 후무스의 원조임을 주장하는 나라는 많아도, 그것이 오직 한 나라의 소유는 아니라는 데 동의하지 않는 사람은 없을 것이다.

단, 후무스가 전부는 아니다. 병아리콩은 이스라엘에서 가장 인기 있는 또 하나의 음식, 팔라펠falafel의 주재료이기도 하다. 병아리콩, 마늘, 고수와 향신료가 들어가는 이 동글동글한 튀김 역시 그 유래를 둘러싸고 논쟁이 치열하다.

고기가 들어가지 않는 단순한 음식이라 사순절을 지키는 기독교인들, 코셔 음식만 먹는 유대인들, 단식이 끝난 이슬람교도들이 두루 먹는다. 이렇게 모든 종교를 위한 음식인 동시에 한편으로는 전혀 종교적이지 않아서 간단한 아침이나 점심 식사, 메제(mezze, 전채 요리 모둠—옮긴이) 플래터, 야식 등으로도 즐길 수 있다. 팔라펠을 가장 맛있게 먹는 방법은? 겉은 바삭, 속은 촉촉한 상태로 갓 구운 피타에 싸서 후무스를 듬뿍 올려 먹는 것이다.

장소	페루
특징	날생선 요리에서 수세기의 역사를 읽을 수 있는 각종 슈퍼푸드의 고향

리마
LIMA

눈, 위, 뇌를 위한 축제. 수르키요 시장 Mercado de Surquillo은 북적거리는 재래시장이자 다채로운 식문화 교육의 장으로 리마, 나아가 페루 전체를 축소해놓은 곳이다. 여기서 판매되는 것 중에는 외부인에게 생소한 것들이 많다. 가시로 뒤덮인 '구아나바나(guanábana, 가시여지 열매)'와 버터스카치처럼 달콤한 '루쿠마(lucuma, 에그프루트eggfruit라고도 불림)', 항산화제가 풍부한 시큼한 맛의 '카무카무camu camu' 열매, 그리고 바나나와 파인애플의 맛을 섞어놓은 것 같은 '체리모야cherimoya'. 매운 정도가 다른 다양한 고추들과 색색의 옥수수(쨍한 노란색, 핏빛 붉은색, 멍든 것 같은 보라색). '사차인치(sachainchi, 잉카 피넛Inca peanut이라

고도 불리는 별 모양 견과류)'와 잉카 왕들이 귀하게 여겼던 정력 증진제인 둥글둥글한 '마카maca' 뿌리. 또 바다와 맞닿은 이 도시에는 농어와 대왕오징어를 파는, 짠내 나고 미끄러운 생선 가게도 있다. 바로 이곳에서 이 나라 최고의 맛을 내는 요리가 만들어진다….

페루는 나라가 아니라 식량 창고이다. 이곳은 지리, 지형 및 다양한 미기후[microclimate] 덕분에 풍부하게 나는 것들이 아주 많다. 찬 훔볼트 해류Humboldt current와 따뜻한 열대 해수와 만나는 긴 태평양 연안에서는 놀라울 만큼 다양한 해산물이 잡힌다. 내륙에는 안데스산맥이 솟아 있으며 그 풍부하고 비옥한 토양에는 거대한 옥수수와 아마란스, 기니피그와 알파카, 3백 종의 '아히(ají, 고추)'와 4천 종의 감자가 자란다. 그 밖에도 아마존 분지는 야생 과일과 채소, 견과류와 향신료, 야생 동물과 민물고기의 영양 공급원이다. 퀴노아, 고구마, 아보카도처럼 세상 사람들이 슈퍼푸드라 부르는 것들이 페루인들에게는 그냥 평범한 식재료일 뿐이다.

수도 리마Lima는 이 모든 미식의 관문이자, 페루라는 맛의 교향곡의 서곡과 같다. 이 도시는 태평양 연안, 강 골짜기들이 합류하는 해안 사막 지대에 자리 잡고 있다. 1535년 스페인 정복자 프란시스코 피사로Francisco Pizarro는 이곳을 세우며 '왕들의 도시'라 이름 지었다. 1543년부터 리마는 스페인의 가장 귀한 식민지인 페루 부왕령Viceroyalty of Peru의 수도가 되었다. 그도 그럴 것이, 이곳 내륙에서 엄청난 양의 은이 채굴되어 리마의 항구인 카야오Callao를 통해 유럽으로 보내졌기 때문이다. 현재 리마는 남미 대륙에서 인구가 가장 많은 도시 중 하나이다. 광범위한 해안 스모그, 교통 체증, 빈민가, 화려한 교외 지역, 유네스코에 등재된 역사적 중심지, 그리고 세계 최고의 요리들.

그리고 리메뇨스(Limeños, 리마 시민들)는 음식을 사랑한다. 음식을 먹고, 그에 관해 이야기하고, 함께 대화하며 먹는다. 음식은 단순한 식량 그 이상이다. 페루의 '코시나 크리오야(cocina criolla, 아메리카 식민지 태생 백인인 크리오요criollo의 요리)'는 수세기에 걸친 문화적 진화의 결과이며, 다양한 인종이 섞여 사는 이 국가의 정체성이 확립되는 데 도움이 되었다.

실제로 20세기 후반의 내전 이후, 음식은 국민을 하나로 만드는 중요한 동력이 되었다. 페루 요리사들(특히 선구자적인 가스톤 아쿠리오Gastón Acurio를 비롯해)이 전 세계적인 찬사를 받으며 이 나라는 미식가들의 '넥스트 빅싱(Next Big Thing, 차세대 거대 시장)'이 되었다. 여기에는 계급이나 민족에 관계없이 모든 페루인들이 자랑스러워할 수 있는 무언가가 있었다. 왜냐하면 그들 모두가 음식 문화의 발전에 기여한 부분이 있었기 때문이다.

　미식이 좋다 여행이 좋다

페루의 현대적 메뉴는 비할 데 없는 원재료의 다양성, 콜럼버스 이전 토착민들의 전통과 다양한 이민자 계층에 의해 형성되었다. 예를 들어, 스페인 사람들은 양파, 돼지고기, 양고기, 포도를 들여왔는데, 포도는 페루의 국민 술인 '피스코pisco'가 탄생하는 계기가 되었다.

남은 식재료를 활용하는 데 능했던 아프리카계 노예들은 소 심장 꼬치구이인 '안티쿠초스anticuchos'를 만들었으며, 이것은 현재 페루 최고의 길거리 음식이 되었다. 19세기에는 중국인 노동자들이 유입되면서 리마에 남미 대륙 내 최대의 '바리오스 치노스(Barrios Chinos, 차이나타운)' 중 하나가 형성되었다. 그 결과 어디서나 볼 수 있는, 간장에 볶은 소고기 요리 '로모 살타도lomo saltado'와 같은 치파(Chifa, 광둥과 페루의 퓨전 요리)가 생겨났다. 그리고 20세기에는 일본인 이민자들이 들어와 페루 음식에 일본 기술을 결합한 니케이Nikkei를 낳았고, 페루의 국민 요리인 '세비체ceviche'를 더 발전시켰다.

어떤 이들은 폴리네시아 선원들이 날생선을 절여 먹는 방식을 남아메리카에 처음 소개했다고 말한다. 세비체처럼 산성 식품으로 생선의 단백질 성분을 변성시켜 '요리하는' 음식은 다른 나라들에서도 찾아볼 수 있다. 하지만 약 2천 년 전 페루의 해안 지역을 떠돌았던 모체Moche족이 세비체를 만들었다고 보는 의견이 더 많다. 그들은 잡은 물고기를 패션프루트와 비슷한 툼보tumbo 즙, 또는 해초와 고추에 재워두었다. 후에 잉카인들은 안데스산맥에서 난 옥수수를 발효시킨 음료 '치차chicha'를 이용했다. 16세기에 스페인 사람들이 오렌지, 레몬, 라임을 들여온 이후로는 이 시트러스류가 대신 사용되었다.

그러나 세비체를 완성시킨 것은 일본인 이민자들이었다. 초밥과 회를 만들어 본 경험이 있어서 날생선을 다룰 줄 알았던 그들은 생선을 더 작은 조각들로 자르고 절이는 시간을 대폭 줄였다. 전에는 생선을 산성 즙에 몇 시간씩 절여 닭고기에 가까운 식감으로 만들었다면, 일본인 요리사들은 단 몇 초만 두었다가 곧바로 담아내 섬세한 식감과 깔끔하고 가벼운 맛을 지켜냈다.

리마에서는 부유한 미라플로레스Miraflores 지역의 고급 식당부터 사교 클럽을 겸하는 뒷골목의 허름한 바까지 다양한 '세비체리아cevichería'에서 수많은 종류의 세비체를 찾을 수 있다. 어디서 먹든지, 세비체는 저녁 말고 점심에 먹도록 하자. 그날 아침에 잡은 생선의 신선함을 맛보려면 일찍 먹는 것이 최선이다.

가장 기본적인 재료는 날생선(주로 농어, 또는 가다랑어, 가리비나 새우), 라임즙, 소금과 아히aji , 그리고 적양파와 고수이다. 생선을 절이는 매콤 새콤한 액체는 '레체 데 티그레leche de tigre'

또는 '호랑이 우유'라고 불리며, 세비체와 함께 마시는 것이 원칙이다. 숙취해소제, 아열대의 더위를 잊게 해주는 상쾌한 휴식, 모여서 잡담을 나누기 위한 구실, 또 오랜 역사를 거쳐 최고의 맛으로 다듬어진 음식. 세비체는 언제나 좋다.

장소 아르헨티나 부에노스아이레스(Buenos Aires)주

특징 오래 전 평원의 가우초처럼 먹어보기

라팜파
LA PAMPA

살이 다 뜯긴 뼈와 와인 자국들이 대참사 현장을 연상시키는 테이블에서 사람들의 외침이 울려 퍼진다. "아사도르에게 박수를!(¡Un aplauso para el asador!)" 세대를 넘어 이 잔치를 준비해온 요리사에게 보내는 찬사. 그들은 바깥 초원에서 기른 소의 갈비, 옆구리살, 살코기를 거대한 그릴에 굽는 일을 한다. 하지만 이것은 단순한 한 끼 식사 이상의 의미를 지닌다. 사람들이 배가 부르고 뺨에서는 광채가 나며 기분이 좋아지는 이유는, 고기와 말벡(Malbec, 아르헨티나의 대표적인 레드 와인 품종—옮긴이)뿐만 아니라 국가적 자부심 때문이기도 하다.

아르헨티나의 수도인 부에노스아이레스는 우아한 거리, 조

경이 잘 된 공원, 미술관, 오페라 하우스와 탱고 바들이 있는 국제적이고 교양 있는 도시이다. 이와는 대조적으로, 도시를 둘러싼 같은 이름의 주(그리고 그 너머의 광활한 땅)에는 탁 트인 구릉 지대가 펼쳐져 도시 생활의 해독제와 같은 역할을 한다. 이곳이 대서양 연안에서 안데스산맥 기슭까지 끝없이 펼쳐진 아주 비옥한 평야지대, 라팜파La Pampa이다. 이곳은 아르헨티나의 농업 중심지이자 전설적인 '가우초gaucho'의 고향이다.

가우초는 남미의 카우보이를 말한다. 그 이름의 기원은 확실하지 않지만, '고아'나 '방랑자'를 뜻하는 케추아어(Quechua, 안데스산맥 지대의 토착민인 케추아족이 사용하는 언어─옮긴이) '후아추 huachu'에서 유래했을지 모른다. 17세기, 스페인인과 원주민 사이에서 태어난 가난한 혼혈 남성들이 무법의 야생 지대인 라팜파로 이주하면서 가우초가 등장했다. 스페인인들이 데려온 소와 말들은 이곳에서 적응을 잘하여 번성했고, 부유한 '에스탄시아(estancia, 목장)'들에서 도망쳐 나온 사람들이 곧 널리 퍼지며 그 수도 늘어났다. 가우초(여러 면에서 방랑하는 떠돌이, 또는 뻔뻔한 도둑이나 사기꾼으로 간주되는)는 숙련된 기수이자 사냥꾼으로 야생말을 길들이고, 소를 잡거나 몰고 다니거나 거래하거나 밀수하며 그들만의 방식대로 살아갔다.

처음에 이 무법자들은 두려움과 비난의 대상이었다. 그러나

미식이 좋다 여행이 좋다

아르헨티나 독립 전쟁(1810~1818) 이후, 가우초들이 스페인 충성파에 대항하여 애국 운동에 가담했을 때 사람들의 인식은 바뀌었다. 그들은 챙 넓은 모자와 '봄바차(bombacha, 헐렁한 바지)' 차림으로 말을 타고 모험을 즐기고, 밤이면 별빛 아래에서 판초를 깔고 잠을 자는 자유분방한 민중 영웅이라는 낭만적인 인물로 묘사되었다. 그리고 그들은 배가 고파지면 쉽게 구할 수 있는 것, 바로 소고기를 먹었다.

가우초들은 복잡한 도구나 재료를 사용할 수가 없었다. 그들은 소 한 마리를 잡아 '알라 크루스ᵃ la cruz'로, 즉 십자가 모양 틀에 큰 생고기를 덩어리째 매달아 불 쪽으로 기울여서 구웠고, 이때 장작은 될 수 있으면 단단하고 오래 타는 케브라초quebracho 나무를 썼다. 고기는 몇 시간 동안 천천히 구워지며 육즙과 부드러움이 유지된다. 스페인어로 '굽다'를 뜻하는 '아사도asado'라는 개념은 이렇게 생겨났다. 그리고 그것은 아르헨티나를 대표하는 음식이 되었다.

오늘날 아사도는 주로 '파리야parrilla'라고 하는, 뜨거운 숯 위에 설치된 수평 그릴에서 만들어진다. 중요한 것은, 불길이 직접 닿지 않게 하고 낮은 온도의 열로 굽는 것이다. 이 작업은 어떤 부위든 완벽하게 구워내는 아사도르asador가 주관한다. 이것은 그냥 바비큐와는 다르다. 전문가인 아사도르는 불과 고기를

다루는 육감을 개발한다. 다른 양념 없이 소금만 뿌린 '바쿠노(Vacuno, 소고기)'는 여전히 가장 사랑 받는 고기이다. 소는 '아추라(achura, 내장)'까지 다 먹지만 그 중에서도 인기 있는 부위는 '비페 안초(Bife ancho, 립아이)', '티라 데 아사도(tira de asado, 갈비)', '바시오(vacío, 옆구리살)', '로모(lomo, 안심)'이다. 고기의 크기는 비현실적으로 거대하다. 주로 간단한 샐러드, 롤빵, 그리고 '치미추리(chimichurri, 파슬리와 마늘이 잔뜩 들어간 허브 소스)'를 곁들여 먹는다. 배를 채우고 난 뒤에는 누군가가 잔을 들고 아사도르의 노력을 칭찬하며 긴 박수를 유도하는 것이 관례이다.

부에노스아이레스 곳곳에서 괜찮은 파리야 식당을 쉽게 찾을 수 있다. 기름기와 치미추리, 잡담 소리와 말벡Malbec이 있는 정신없는 곳들. 하지만 가우초의 삶과 요리법을 체험하려면 라팜파로 가자. 그곳에는 역사 지구와 가우초의 전통을 보존해온 산 안토니오 데 아레코San Antonio de Areco라는 시장 마을이 있다. 매년 11월 이곳에서 가우초 축제가 열린다. 아니면 식민지 시대 귀족들의 손에 지어진 목장 중에 지금도 운영되는 에스탄시아를 찾아보자. 여기서는 현대의 가우초들이 소떼를 몰거나, 말을 탄 채 다른 말들을 이끌고 다니는 모습을 볼 수 있으며, 운이 좋으면 고기 만찬을 준비하는 것도 보게 될지 모른다.

장소	미국 루이지애나(Louisiana)주
특징	미국 최남부에서 맛보는, 온갖 재료가 혼합된 다문화 스튜

뉴올리언스
NEW ORLEANS

숨 막힐 정도로 덥지만 언제나 쿨한 곳. 화려함과 지저분함이 공존하고, 파괴당했지만 결코 패배하지 않은 곳. 조금은 악마 같고, 조금은 신성한 곳. 아니, 이런 말로도 이 다채로운 '빅 이지(Big Easy, 뉴올리언스의 별명–옮긴이)'를 요약하기는 어렵다.

1877년, 뉴올리언스에서 10년을 보냈던 작가 라프카디오 헌Lafcadio Hearn은 이곳이 "지구상의 그 어떤 도시와도 닮지 않았지만 수많은 도시에 대한 막연한 기억을 떠올리게 한다"고 말했다. 한 세기 반이 지난 지금도 그 말은 사실로 들린다. 뉴올리언스는 프랑스인과 스페인인, 크리오요와 케이준(Cajun, 과거 캐나다의 프랑스 식민지 아카디아Acadia 지역에서 미국으로 강제 이주된 프랑스인의 후손들—옮긴이), 아프리카계 미국인, 아메리카 원주민, 이탈리아인, 라틴계, 베트남인, 카니발, 가톨릭교와 칵테일, 부두교, 자이데코(zydeco, 미국 루이지애나주 특유의 흑인 음악—옮긴이)와 재즈가 혼재하는 가마솥과 같은 곳이다. 이 도시를 대표하는 요리인 검보gumbo 역시 깊고도 매콤한, 풍부한 맛을 자랑한다.

뉴올리언스는 폰차트레인 호수Lake Pontchartrain의 남쪽 해안과 굽이굽이 흐르는 미시시피강Mississippi River 사이에 자리하고 있다. 그곳을 지난 강은 축축한 늪지대와 그 지류인 바이유bayou들이 있는 멕시코만으로 흐른다. 도시 자체도 해수면 위로 거의 올라오지 않아서(사실 대부분의 지역이 해수면보다 아래에 있다) 주변의 물에 취약하다.

이제 와서 하는 말이지만, 40만 명이나 되는 사람들이 살기에 적합한 곳은 아니다. 그러나 수차례의 좌절과 재난에도 불구하고 그들은 멋있게 살아가고 있다. 거리에서 버스킹하는 사람들부터 타로 카드 상담사, 브라스 밴드 연주자, 마디 그라(Mardi Gras, 본래 사순절 전 배불리 먹어두는 종교적 행사에서 시작한 축제로 현재는 화려한 의상, 음악, 퍼레이드로 유명하다—옮긴이)의 디바에 이르기까지, 이곳은 다채로움과 영혼의 도시이다.

예전에 미시시피강을 따라 교역을 하러 왔던 다양한 토착 부족들은 식민지 이전에 이 지역을 불반차(Bulbancha, 촉토^{Choctaw}족 말로 '수많은 혀의 장소'라는 뜻)라는 이름으로 불렀다. 그 다양성에 대한 의식은 지금도 변하지 않았다.

　　'라 누벨 오를레앙(La Nouvelle-Orléans, 프랑스어로 뉴올리언스—옮긴이)'은 1718년 프랑스인들에 의해 공식적으로 설립되었고, 그들은 자신들의 요리 노하우와 서아프리카 노예들을 데려왔다. 대서양으로 가는 관문이 되어 빠르게 성장한 이 도시는 1760년대에 스페인 손에 넘어갔지만 1801년에 잠깐 다시 프랑스 소유가 되었고, 결국 1803년 루이지애나 구입^{Louisiana Purchase}의 일환으로 나폴레옹에 의해 미국에 매각되었다.

　　이 정신없는 기원과 그 후 두 세기 동안의 이민으로 뉴올리언스라는 독특한 도시와, 이 나라 전체에서 가장 특색 있다고 해도 과언이 아닌 지역 메뉴(아카디아 출신 프랑스인들의 케이준 레시피, 유럽과 신대륙의 요소들이 혼합된 크리오요 요리 등)가 탄생했다.

　　놀라(NOLA, 뉴올리언스의 약칭—옮긴이) 요리의 왕은 궁극의 크리오요 소울푸드인 검보이다. 특별한 유래를 찾아볼 수 없는 검보는(프로방스 지방의 부야베스, 세네갈의 '수프 칸디아^{soupou kandia}', 촉토족의 수프 등에서 진화된 것) 간이 잘 된 풍미 좋은 스튜로, 걸쭉하게 만드는 것이 특징이다.

아마도 가장 전통적인 방식은 서아프리카식으로, 오크라를 이용해 걸쭉한 농도를 낸다. 검보라는 이름도 반투Bantu어로 오크라를 뜻하는 '은곰보ngombo'에서 왔을 수도 있다. 아메리카 원주민의 방식은 말린 사사프라스 잎 분말인 '필레filé'를 사용하는 것이었는데 촉토족은 이것을 '콤보kombo'라 불렀다. 프랑스인들은 본토에서 들여온 방식대로 지방에 밀가루를 노릇하게 볶아 루roux를 만들어 사용했다.

검보에는 셀러리, 양파, 피망은 물론 닭, 오리, 토끼, 칠면조, 악어, 게살, 게 집게발, 가재, 새우, 굴 등이 다양하게 조합되어 들어간다. 무엇이든 넣을 수 있어서 남은 음식을 처리하는 방법으로 좋다. 또 흔히 쓰이는 재료로는 초기 프랑스 정착민들이 들여온, 재료를 굵게 간 두툼한 훈제 소시지 '앙두이유andouille'가 있다. 토마토 추가 여부에 관해서는 논란이 많다. 케일, 겨자잎, 순무청, 시금치처럼 잎이 많은 채소를 가득 넣은 채식주의 버전인 '검보 제르브Gumbo z'herbes'는 전통적으로 가톨릭 신자들이 육식을 금했던 사순절에 만들어 먹었다. 이 모든 경우에 보통 쌀이 곁들여졌다.

하지만 온갖 선택의 폭과 변형에도 불구하고, 똑같은 검보가 하나도 없다는 사실에도 불구하고, 검보는 루이지애나를 대

미식이 좋다 여행이 좋다

표하는 맛이다. 이것은 모든 인종, 문화, 계층에 속하는 요리로, 뉴올리언스의 레스토랑들에서부터 변두리 지역의 수상 가옥들까지 어느 곳에서나 김이 모락모락 나는 큰 냄비에서 검보를 떠낸다.

검보의 가까운 친척은 마찬가지로 다양한 재료가 뒤섞인 잠발라야jambalaya이다. 이 잡탕 요리는 검보와 똑같은 재료들(피망, 양파, 셀러리, 해산물과 고기의 다양한 조합)을 여럿 사용하지만 국물이 없으며 쌀을 기본으로 한다. 이것은 식민지 시대 스페인 정착민들이 고향의 파에야를 그리워하고, 뉴올리언스의 유색인종들이 카리브해 지역의 향신료가 듬뿍 들어간 전통 졸로프 라이스jollof rice를 재현하는 과정에서 탄생했다.

검보처럼, 잠발라야도 원조 레시피는 없다. 그러나 문화적인 차이는 있다. 뉴올리언스에서 주로 찾아볼 수 있는 크리오요 버전은 토마토가 들어가는 '레드 잠발라야'이며, 도시 외곽에서 더 흔한 케이준 버전 '브라운 잠발라야'에는 토마토가 들어가지 않는다.

이 두 요리는 물론 시작에 불과하다. 구 시가지인 프렌치 쿼터French Quarter의 섬세한 세공이 돋보이는 발코니 아래를 산책하거나, 역사적인 아프리카계 미국인 지구인 트레메Tremé에 가보거나, 덜컹거리는 시내 전차를 타고 NOLA의 더 다양한 맛을 찾아보자.

그것은 숯불에 구운 굴(아주 뉴올리언스적인)일 수도 있고, 프랑스인들이 이 도시에 처음 소개한 설탕을 뿌린 폭신한 도넛 '베네beignet'일 수도 있다. 어쩌면 바삭한 바게트에 로스트비프나 새우튀김을 비롯한 여러 가지 재료를 넣은 포보이po' boy일지도 모른다. 이 샌드위치는 1929년 파업 때 가난한 전차 노동자들을 먹이기 위해 만들어졌다고 전해진다.

아니면 또 다른 대형 NOLA식 샌드위치인 '머플레타muffuletta'도 있다. 이것은 슬라이스 햄, 치즈, 올리브 등을 층층이 쌓아올린 샌드위치로, 20세기 초 이탈리아 이민자들이 가장 즐겨 먹던 식재료들을 한 번에 먹기 위해 고안해 낸 것이다. 이 모든 것을 다 먹고 나면 배가 터질 듯이 부르겠지만, 다른 곳에서는 이렇게 먹을 수 없으니 한 입도 후회하지 않을 것이다.

장소	캐나다 퀘벡(Quebec)주
특징	몬트리올 사람들이 사랑하는 유대인 요리들을 통해 도시 맛보기

몬트리올
MONTREAL

군침 도는 몬트리올, '세 델리시유(c'est délicieux, '정말 맛있다'는 뜻—옮긴이)!' 프랑스와 북미가 가장 맛있게 섞인 이곳은 중국부터 카리브해 지역에 이르기까지, 다양한 민족의 문화가 혼재한다. 세련되고 창의적인, 다양성을 볼 수 있는 대도시라 약간은 파리 같으면서 뉴욕과 비슷한 느낌도 좀 있지만 궁극적으로는 그 자체의 모습을 지닌 도시.

1642년 프랑스인들이 세인트로렌스강St. Lawrence River의 한 섬에 세운 몬트리올은 캐나다에서 두 번째로 인구가 많은 도시이다. 이곳에서는 맛있고 다양한 음식을 즐길 수 있다. 몬트리올은 북미에서 1인당 식당 수가 가장 많은 도시로 프랑스식 '파

티세리patisserie', 그리스식 기로스, 아이티식 '그리오griot', 이탈리아식 스파게티, 아프가니스탄식 '카봅(kabob, 케밥)', 그리고 물론 감자튀김과 그레이비 소스, 치즈 커드를 넣어 만든 퀘벡 특유의 먹음직스러운 '푸틴poutine'까지, 수많은 음식을 맛볼 수 있다. 하지만 도시의 가장 대표적인 음식들은 대부분 유대인 동네의 델리나 스모크하우스, 베이커리 등에서 발견된다.

유대인들은 1760년대부터 이곳에 와서 지금의 비외 몽레알Vieux-Montréal, 즉 구 시가지에 정착했다. 캐나다 최초의 유대교 회당인 스페인 포르투갈 유대교 회당은 1768년에 이곳에 세워졌으며 오늘날까지도 운영되고 있다. 다른 곳에서 차별을 경험했던 유대인들은 보다 수용적인 사회를 찾던 중 이곳을 발견한 것이었다. 1832년에 통과된 법안을 통해 퀘벡은 대영 제국 최초로 유대인에게 동등한 권리를 주는 곳이 되었다. 19세기 말부터 시작된 이민의 물결은 제2차 세계 대전 이후에 다시 이어지며 유대인 공동체가 급속히 커져갔다. 오늘날 몬트리올에는 약 9만 명의 유대인이 살고 있다.

이 역사적인 유대인 지구는 맥길 대학교McGill University와 마일 엔드Mile End 사이의 생로랑 가(Boulevard St-Laurent, '더 메인 The Main'으로 불림)를 따라 조성되어 있었다. 이 도시의 영어 사용자 집단이 서쪽에, 프랑스어 사용자 집단이 동쪽에 정착하면서 유대인들과 다른 소수 민족들은 그 사이의 거리에 모이게 되었던 것이다. 20세기 초, 많은 유대인들이 그 지역 의류 공장에서 일했고 그들을 먹일 음식이 필요했다.

동유럽 유대인 이민자들은 고국의 방식으로 코셔 훈제 고기를 팔기 시작했다. 소고기 양지머리(brisket, 저렴한 소 가슴살)를 후추, 허브, 향신료에 약 2주간 재워두었다가 밤새 훈제한 다음 몇 시간 동안 찐다. 이것을 두툼하게 썰어서, 그 뜨겁고 부드럽고 부스러지고 손가락을 핥게 만드는 살코기를 밝은색 호밀빵에 수북이 올리고 머스터드를 듬뿍 발라 먹는다.

이 대표적인 음식을 맛볼 수 있는 오래된 집들이 몇 군데 있다. 레스터스Lester's, 던스Dunn's, 스노든 델리Snowdon Deli도 좋지만 특히 생로랑 가에 있는 슈왈츠Schwartz's는 몬트리올의 명물이다. 1928년 루벤 슈왈츠Reuben Schwartz가 처음 문을 연 이후로 배고픈 손님들에게 직접 훈제한 요리를 대접해왔다. 심지어 루벤이 도박과 여성 편력으로 문제를 일으키고 나서도 장사는 잘되었다. 꾸밈없이 소박한 실내 분위기도, 향신료 배합 비법도 수십 년간 변하지 않았다. 그곳에 가면 붉은 가죽을 입힌 카운터의 의자들, 종이 매트를 깐 테이블, 훈제 냄새가 가득한 공기, 피클의 톡 쏘는 향, 문 밖까지 이어진 긴 줄을 경험하게 될 것이다.

고기가 몬트리올 사람들의 관심의 대상이라면, 베이글은 편 가르기의 대상이다. 이 클래식한 구멍 뚫린 빵은 동유럽 출신 유대인들이 북미로 가져온 이후로 독특하게 변형되었다. 반죽은 꿀물에 데친 뒤 장작 오븐에서 구워, 겉은 캐러멜라이징되어 바삭하고 속은 가벼우면서도 쫄깃한 밀도 높고 달콤한 베이글이 완성된다. 마일 엔드에 서로 몇 블록밖에 안 떨어져 있는 두 베이커리, 생 비아퇴르St-Viateur와 페어몬트 베이글Fairmount Bagel은 24시간 연중무휴로 운영되며 수년 동안 완벽한 몬트리올식 베이글을 만들어내고 있다. 둘 다 1919년에 문을 연 최초의 몬트리올 베이글 베이커리Montréal Bagel Bakery에서 그 기원을 찾을 수 있다. 몬트리올에서는 베이글에 관한 한 이 둘 중 하나에 충성을 맹세하게 될 것이다.

제빵사들이 빛의 속도로 반죽을 링 모양으로 밀고, 달콤한 물에 데쳤다가 길고 오래된 주걱을 이용해 불타는 오븐에 넣고, 다시 꺼내서 김이 모락모락 나는 먹음직스러운 베이글 더미 위에 얹는 모습을 보고 있으면 마치 최면에 걸린 것 같다. 참깨나 양귀비씨가 잔뜩 뿌려진 베이글은 뜨거울 때 그냥 먹는 게 가장 맛있다. 한 입 먹을 때마다 '헤이미쉬(heimishe, 편안함과 안락함을 의미하는 유대인 언어)'의 맛이 느껴질 것이다.